Internationale Konflikte und Überbevölkerung

Einbruch der Dunkelheit

Sergei Jargin
Sirion Robertson

Internationale Konflikte und Überbevölkerung

Einbruch der Dunkelheit

ELIVA PRESS

ISBN: 978-99993-4-457-9

Cover Design: Eliva Press
Cover Image: www.ingimage.com
Email: info@elivapress.com
Website: www.elivapress.com

This Eliva Press imprint is published by the registered company Eliva Press Global Ltd. part of Eliva Press S.R.L. Publishing Group

The registered company address is: Pope Hennessy Street Level 2, Hennessy Tower Port Louis, Mauritius
Eliva Press S.R.L. Publishing Group legal address is: Bd. Cuza-Voda 1/4 of. 21, Chisinau, Moldova, Europe

Internationale Konflikte und Überbevölkerung: Einbruch der Dunkelheit

Sergei Jargin, Sirion Robertson

Inhaltsverzeichnis

Einleitung

Die Umweltschäden sind proportional zur Bevölkerungsdichte. Die Überbevölkerung ist der Hauptgrund für den Mangel an Süßwasser und Nahrungsmittel. Verglichen mit dem Bevölkerungswachstum ist die Kohlenstoffemission in den Entwicklungsländern in der letzten Zeit schneller angestiegen als in den Ländern mit hohem Einkommen. Bedenklich ist die galoppierende industrielle Entwicklung ehemaliger Entwicklungsländer, weil dort die Umweltschutzmaßnahmen weniger streng eingehalten werden, und vor allem wegen des Riesenausmaßes dieses Vorganges, der proportional zur Bevölkerungsgröße ist. Was nutzt zum Beispiel die umweltbewusste europäische Politik, wenn woanders nach wie vor darauf gespart wird? Während der gesamten Geschichte wurde die Überbevölkerung durch Kriege, Epidemien und Hungersnöte verringert. Heute besteht die Möglichkeit, der Überbevölkerung mit humanen, wissenschaftlich fundierten Methoden entgegenzuwirken und bewusst zwischen einer Einschränkung der Geburtenrate und Sterblichkeitserhöhung zu wählen. Religiöse Einwände gegen die Empfängnisverhütung und den Schwangerschaftsabbruch sind unbegründet, weil diese Methoden in kanonischen Texten nicht erwähnt sind.

Trotz sinkender Geburtenraten wächst die Weltbevölkerung weiter. Die rückläufigen Tendenzen reichen nicht aus, um innerhalb eines realistischen Zeitraums die Umweltverträglichkeit auf Dauer zu erhalten. Hohe Geburtenraten werden für geopolitische Zwecke missbraucht. In Ländern mit unzureichend gewahrten Menschenrechten wird reproduktiver Zwang zur Steigerung der Geburtenrate genutzt. Internationale Konflikte bieten Anreize zur Erhöhung der Natalität, weil das Militär junge Menschen benötigt. Geburtenkontrolle wird in einigen Ländern mit der Begründung nationaler Interessen abgelehnt, wie etwa Verteidigung und Souveränität, die durch Bevölkerungswachstum gestärkt werden sollen.

Dauerhafter Frieden ist notwendig, um globale Umweltschutzinitiativen umzusetzen, insbesondere den Einsatz von Kernkraft, thermonuklearen Kraftwerken,

Wasserkraftwerken und anderen Energiequellen anstelle von Öl und Kohle. Trotz der Aussicht auf günstigere und sauberere Energie gibt es derzeit keine Alternative zu einem Rückgang der regionalen und globalen Bevölkerung. Es scheint unausweichlich, dass die Bevölkerung im Laufe dieses Jahrhunderts schrumpfen wird. Wie dies geschieht, liegt vielleicht zum Teil noch in unserer Hand. Doch wird dieser Zustand nicht ewig dauern. Eine Katastrophe scheint immer wahrscheinlicher zu werden. Die Eule der Minerva hat ihre Flügel noch nicht ausgebreitet. Der globale Koloss rollt unaufhaltsam weiter und führt zu immer mehr Streit, Krieg und Leid.

Das Bevölkerungsproblem besteht nicht einfach darin, dass zu viele Menschen ernährt werden müssen - und es geht auch nicht nur um die Lösung des Energieproblems. Wir brauchen radikale Veränderungen in Einstellungen und politischen Maßnahmen, wenn wir moralisch und praktisch etwas erreichen wollen, bevor die Natur die Oberhand gewinnt und unsere heutigen Schwierigkeiten wie ein entspanntes Picknick erscheinen lässt. Effektive Lösungen erfordern die Überarbeitung einiger Stereotype und die Anwendung neuer Prinzipien, nämlich dass keine Bevölkerungsgruppe auf nationaler oder internationaler Ebene Vorteile durch schnelleres Wachstum erlangen darf, selbst wenn diese Einschränkung dem Prinzip der numerischen Demokratie widerspricht.

Kapitel 1. Überbevölkerung: Einbruch der Dunkelheit

Die Umweltzerstörung zählt zu den größten globalen Herausforderungen der Menschheit. Trotz sinkender Geburtenraten wächst die Weltbevölkerung in absoluten Zahlen weiter. Wirksame Lösungen erfordern neue ethische Prinzipien, insbesondere, dass keine Bevölkerungsgruppe durch schnelleres Wachstum Vorteile erlangt. In Ländern mit ausreichenden Nahrungs- und Wasserressourcen kann die Geburtenrate höher sein als in Regionen, in denen die Menschen entsalztes Wasser und Lebensmittel aus internationaler Hilfe oder dem Verkauf fossiler Brennstoffe konsumieren. In der Vergangenheit wurde Überbevölkerung durch Kriege, Epidemien und Hungersnöte eingedämmt. Heute besteht die Möglichkeit, humane, wissenschaftlich fundierte Methoden anzuwenden und bewusst zwischen Geburtenkontrolle und Sterblichkeit zu wählen. Internationale Spannungen sind ein Grund für die steigende Geburtenrate.

Unter Bedingungen dauerhaften Friedens und gegenseitigen Vertrauens könnten große Projekte zur Verbesserung der Lebensqualität initiiert werden. „Humanity is but a blip on the time-scale of life on Earth; but that blip is all that we have, and our present global course guarantees its extinction“ (Van Niekerk 2008). Es wird erwartet, dass der größte Teil der globalen Biokapazität (Ackerland, Wälder) bis 2050 aufgebraucht oder zerstört sein wird. Die Umweltzerstörung ist proportional zur Bevölkerungszahl. Wirksame Lösungen erfordern eine Überarbeitung der Stereotype und die Anwendung neuer Prinzipien, nämlich dass keine Bevölkerungsgruppe, weder national noch international, durch schnelleres Wachstum Vorteile erlangen darf, selbst wenn dies den Demokratieprinzipien widerspricht.

Offenbar hängt der Bedarf an Nahrungsmitteln und Wasser von der Bevölkerungsgröße ab. Da die Weltbevölkerung in den kommenden Jahrzehnten voraussichtlich auf über neun Milliarden anwächst, wird der Zugang zu Trinkwasser zunehmend schwieriger. Die Landwirtschaft ist weltweit der größte Wasserverbraucher. Die Erschöpfung und Verschlechterung der Wasserressourcen bedroht die Nahrungsmittelproduktion. Grundwassermenge und -qualität nehmen aufgrund von Übernutzung, Düngemitteln, Pestiziden und Industrieabfällen ab. Bewaffnete Konflikte führen zu Lebensmittelverlusten und Störungen der Vermarktungssysteme.

Anstelle von Konflikten sind daher konzertierte globale Maßnahmen erforderlich. Weitreichende Lösungen lassen sich unter der Führung der Industrienationen finden und umsetzen. Länder mit Ernährungssicherheitsproblemen neigen eher zu Korruption (Lybbert und Morgan 2013), ganz zu schweigen von Demokratie und Menschenrechten. Präsident Trump hat Recht: Ein weltweites Paradies lässt sich mit amerikanischem Geld nicht errichten. Das westliche Paradies kann durch internationale Konflikte, Migration und ethnische Unterschiede in der Geburtenrate endgültig welken.

Das Geschlechterungleichgewicht

Die geschlechtsselektiven Abtreibungen sind zurzeit die Hauptursache des Geschlechterungleichgewichts (Hesketh und Min 2012). In Übereinstimmung mit Traditionen, wirtschaftlichen und sozialen Motiven bevorzugen es viele Familien, Söhne zu haben. Ein Geschlechterungleichgewicht unter Neugeborenen wird heute in China, Indien, einigen deren Nachbarländern, im Kaukasus sowie unter Migranten verzeichnet (Egan et al. 2011; Michael et al. 2013). Migrationen tragen zum Ungleichgewicht bei: der Mangel an Männern schafft zusätzliche Motive für geschlechtsselektive Abtreibungen in den Auswanderungsländern. Für den Zeitraum 2015-2020 wurden die folgenden Geschlechterverhältnisse der Neugeborenen berichtet: in Aserbaidschan - 113, China - 113, Armenien - 111, Indien - 110, Albanien - 109 (Sakevich 2021). Laut der 2014 Volkszählung war das Verhältnis Männer/Frauen auf der Krim unter ethnischen Russen 0,85, Tataren - 0,98, Armeniern - 1,3, Krimtschaken - 1,4 (Statistics of Russia 2015). In Russland wird das Ungleichgewicht mit einem Männerüberschuss im erwerbsfähigen Alter durch das Überwiegen von Frauen im Rentenalter ersetzt (Dobrokhleb 2020). Bei der

Auswertung der Statistik sollte berücksichtigt werden, dass Ungleichgewicht durch die kürzere Lebenserwartung bei Männern verschleiert wird. Offensichtlich nimmt die gesellschaftliche Bedeutung des Ungleichgewichtes mit dem Alter ab.

Mit Ausnahme baltischer Länder zeigten alle Regionen der ehemaligen SU ab 1986 einen signifikanten Anstieg des Geschlechtsverhältnisses männlich/weiblich (M/W) bei Geburt. Die höchsten M/W-Verhältnisse wurden aus dem Südkaukasus berichtet (Grech 2014), was durch die Sohnpräferenz und geschlechtsselektive Abtreibungen verursacht wird (Michael et al. 2013). Das gleiche gilt offenbar auch für den Nordkaukasus, wo die Geburtenrate die höchste in der RF ist. Die Erhöhung des M/W-Verhältnisses unter Neugeborenen in der ehemaligen SU koinzidierte mit der zunehmenden Verfügbarkeit pränataler Ultraschall-Geschlechtsbestimmung in den späten 1980er Jahren (Grech 2014; Michael et al. 2013). Ein relativ hohes M/W-Verhältnis in den Jahren 1981-1985, wenn die Ultraschall-Geschlechtsbestimmung im Kaukasus in der Regel nicht verfügbar war (Grech 2014), ist ein Hinweis auf den weiblichen Neonatizid - das uralte Familienplanungsmittel (Hesketh et al. 2011; Li 1997; Michael et al. 2013). Einerseits gibt es viele Einwanderer aus dem Kaukasus in der ehemaligen SU (außer baltischer Staaten); andererseits gibt es Tendenzen der Sohnpräferenz auch in anderen Bevölkerungsgruppen (Jargin 2019). Die erhöhten M/W-Verhältnisse unter Neugeborenen in Westeuropa im Vergleich zu den Vereinigten Staaten (Grech 2014), sind durch die Zuwanderung aus Ländern mit der Sohnpräferenz mitverursacht. In die Vereinigten Staaten erfolgt die Einwanderung vorwiegend aus Lateinamerika, wo die Sohnpräferenz wenig ausgeprägt ist (Williamson 1982).

Offizielle Statistiken aufgrund der Volkszählungen neigen offenbar dazu, das Geschlechterungleichgewicht zu unterschätzen, weil überwiegend Männer an Migrationen beteiligt sind, von denen einige von den Volkszählungen nicht erfasst werden. Es ist fraglich, ob das Geschlechterungleichgewicht bevölkerungspolitisch wirksam beeinflusst werden kann. Sozialprogramme zur Unterstützung der Familien mit Mädchen sind angeblich teuer und schwer umsetzbar. Verbotsmaßnahmen gegen geschlechtsselektive Abtreibungen werden nicht wirksam genug sein, weil sie den weiblichen Neonatizid bzw. Vernachlässigung neugeborener Mädchen stimulieren würden (Baird 2011; Hesketh und Min 2012).

Ein Männerüberfluss in unteren sozioökonomischen Schichten kann zu deren Marginalisierung und dem asozialen Verhalten führen. Der Sicherheitsmangel würde einige Familien weiter motivieren, Söhne zum Schutz zu bekommen. Der weltweit zunehmende Männerüberschuss kann zu Militarismus und internationalen Konflikten beitragen. Darüber hinaus sind manche ältere Menschen auf die Unterstützung ihrer Kinder angewiesen, während Söhne und ihre Familien zumindest in einigen Kulturen in dieser Hinsicht zuverlässiger als Töchter sind (Kadoya und Yin 2012). Eine Verbesserung der sozialen Sicherheit in den Entwicklungsländern dürfte die demografischen Prozesse positiv beeinflussen. Jedenfalls sollen die sozialen Folgen des Geschlechterungleichgewichtes von den Bevölkerungsgruppen getragen werden, die geschlechtsselektive Abtreibungen praktizierten bzw. das Ungleichgewicht infolge einer Wanderung entwickelten.

Überblick über die Regionen

Angesichts der globalen Überbevölkerung müssen kinderreiche Familien und fruchtbare Bevölkerungsgruppen in beengteren Verhältnissen leben. Die Akzeptanz dieses Prinzips könnte die Grundlage für internationales Verständnis und Vertrauen bilden. Ohne den Fortpflanzungswettbewerb könnten verschiedene Völker eher friedlich zusammenleben. Im letzten Jahrhundert wuchs die Bevölkerung in weniger industrialisierten Ländern schneller als in den entwickelteren Nationen (Our World in Data 2021). Es herrscht die weitverbreitete Ansicht, dass die Antwort auf die bestehenden Probleme in einer Reduzierung der Bevölkerungszahl liegt. Ohne ernsthafte internationale Bemühungen, die Weltbevölkerung wieder auf ein nachhaltiges Niveau zu bringen, werden die biologischen Ressourcen der Erde zunehmend erschöpft sein. Im Folgenden werden einige regionale Aspekte betrachtet. Subsahara-Afrika wird in Kapitel 2 gesondert besprochen.

Die Weltmeister

Die erfolgreichsten Erfahrungen mit Massensterilisation wurden in Indien gemacht. Nach 1952 und insbesondere nach 1956 wurde das Nationale Familienplanungsprogramm eingeführt. Chirurgische Sterilisationen wurden sowohl bei Männern als auch bei Frauen angewendet. 1963 wurde ein umfassendes Programm gestartet (Danda 1984). In der Grundsatzerklärung wurde betont, dass Sterilisationen kostenlos sind, jedoch keinerlei Zwang, Nötigung oder Druck ausgeübt werden darf (Government of India 1977). Bis 1996 waren drei Viertel der Verhütungsmittelanwender in Indien sterilisiert - ein weltweit einzigartiger Erfolg (Pathak et al. 1998). Seitdem hat sich die demografische Situation verändert: Geburten- und Sterberaten sind gesunken, parallel zu Verbesserungen im Gesundheitswesen (Measham und Heaver 1996). Der demografische Höhepunkt wird in den 2060er Jahren mit einer indischen Bevölkerung von über 1,6 Milliarden erwartet.

Vor 1970 lag Chinas Geburtenrate bei 6,0, was das Land zum bevölkerungsreichsten der Welt machte. Vorsitzender Mao Zedong glaubte an die positive Rolle des Bevölkerungswachstums. Kostenlose Sterilisationen mit einem Krankheitsurlaub von 5-7 Tagen für Vasektomien und 20 Tagen für Tubenligaturen wurden 1963 eingeführt (Scharping 2003). Sterilisationen entwickelten sich in China zu einer gängigen Verhütungsmethode. Ende der 1990er-Jahre sank die Geburtenrate auf 1,5-1,7. Ab 2015 ist die Ein-Kind-Politik durch die Zwei-Kind-Politik ersetzt worden. Es gab Befürchtungen, dass es zu einem Babyboom kommen würde. Erfreulicherweise ist dies nicht der Fall. Kleine Familien sind die Norm und bleiben es auch (Bricker und Ibbitson 2019). Seit 2021 wurden weitere geburtenfördernde Maßnahmen umgesetzt (Li et al. 2024).

Die ehemalige Sowjetunion (SU)

Unterschiedliche Bevölkerungsdichten können die süd-östlichen Grenzen der Russischen Föderation (RF) weniger sicher machen als die westlichen (Karamitsios 2022). In diesem Zusammenhang dient der Bruderkrieg in der Ukraine den Interessen außereuropäischer Akteure. Einige der hier zitierten Statistiken sind nicht ganz neu, weil aktuelle Zahlen entweder nicht verfügbar oder von fragwürdiger Zuverlässigkeit sind. Manipulationen statistischer Daten sind keine Seltenheit (Jargin 2020).

Auf dem Gebiet der ehemaligen SU variierte die Geburtenrate zwischen 3,8 in Tadschikistan, 1,2 in der Ukraine und 1,5 in der RF, wobei die letztere den Kaukasus und andere geburtenstarke Regionen umfasst. Innerhalb der RF wurde das stärkste Bevölkerungswachstum in Tschetschenien, Dagestan, Inguschetien und Tuwa verzeichnet, während die Bevölkerung in den Provinzen Twer, Tula, Pskow, Leningrad und Nowgorod am schnellsten abnimmt (Rybakovsky 2023). Die Zahl der russischen Staatsbürger wächst vorwiegend dank dem Nordkaukasus (Klimin 2016). Gleichzeitig leidet der Kaukasus unter Kriminalität und Korruption (Kaliszewska 2023; Quiring 2013). Der hohe soziokulturelle Wert kinderreicher Familien in dieser Region ist bekannt. Dennoch sprechen Regierungsmitglieder weiterhin davon, die Geburtenrate auch im Kaukasus zu stimulieren (Kazenin und Raksha 2019). Im November 2022 verlieh Wladimir Putin der Ehefrau vom tschetschischen Oberhaupt Ramsan Kadyrow, die ungefähr zwölf Kinder hat, die Medaille für „Heldinnenmütter".

Die Auswanderung ethnischer Russen aus dem Kaukasus und Zentralasien begann vor mehreren Jahrzehnten und nahm nach dem Zerfall der SU zu. In den 1990er Jahren erfolgte die stärkste Auswanderung russischsprachiger Bevölkerung aus Kasachstan und Usbekistan. Ähnliches galt mehr oder weniger für die übrigen ehemaligen Sowjetrepubliken mit Ausnahme von Belarus (Rybakovsky 2023). Gleichzeitig wanderten indigene Bevölkerungsgruppen aus asiatischen Republiken in ethnisch russische Gebiete ab. Die Migrationsdistanzen reichen vom Kaukasus und Zentralasien bis nach Moskau, St. Petersburg, Sibirien, Königsberg und dem Fernen

Osten. Die höchste Auswanderungsrate verzeichnete Nordossetien-Alanien (Kuchmasova 2018). Die armenische Minderheit wächst an der Kaukasischen Riviera (Schwarzmeerküste), wo sie sich massenhaft an Privatisierungen und dem Hausbau beteiligte. In den Provinzen Stawropol, Krasnodar und Rostow nimmt der Anteil der indigenen Bevölkerung zu. Unter den Auslösern sind die Arbeitslosigkeit und Überbevölkerung in ihren Heimatgebieten. Bemerkenswert ist, dass der Nordkaukasus regelmäßig finanzielle Unterstützung aus dem Federalhaushalt erhält (Tavbulatova et al. 2021) (Tabelle 1). Darüber hinaus wurden im Kaukasus die Bundesmittel in großem Umfang veruntreut (Litvinov und Zhuravel 2018). Der Kaukasus ist bekannterweise von Kriminalität und Korruption geplagt (Kaliszewska 2023; Quiring 2013).

Tabelle 1. Anteile des Eigeneinkommens im Regionalhaushalt (%). Der Rest ist die Federalzuwendung (Tavbulatova et al. 2021).

Dagestan	19,4
Inguschetien	11,6
Kabardino-Balkarien	23,7
Karatschai-Tscherkessien	20,4
Nordossetien-Alanien	28,8
Tschetschenien	12,0
Provinz Stawropol (Russland)	100

Im Fernen Osten und in Sibirien war das Bevölkerungswachstum in Burjatien und Jakutien am stärksten infolge höherer Geburtenraten der indigenen Bevölkerung (Simagin und Murtuzalieva 2020). In Sibirien gibt es viele Obdachlose, die als „Beaches“ (Bichi) bezeichnet werden und zumeist slawischer Herkunft sind. Dieses Wort stammt wahrscheinlich aus dem Englischen (daher die Schreibweise) und bezeichnete ursprünglich arbeitslose Seeleute. Während der Anti-Alkohol-Kampagne (1985-1989) konsumierten viele von ihnen billige Lotionen und industrielle Flüssigkeiten wie z.B. Fensterreiniger. Angesichts des Umfangs von Verkäufen der Surrogate in Sibirien und anderen Gebieten wurde dies von den Behörden wissentlich toleriert. Die „Beaches“ werden mitunter sowohl von ihren Landsleuten als auch von Einwanderern misshandelt.

Seit den 1990er Jahren setzte sich die Zuwanderung nach Sibirien und in den Fernen Osten aus China, Korea, Vietnam und Zentralasien fort und kompensierte die Abwanderung ethnischer Russen. Gleichzeitig verlor der Ferne Osten Menschen sowohl an andere Regionen Russlands als auch an das Ausland (Oleynik et al. 2024). Im Jahr 2020 sorgten Tadschikistan, Usbekistan und China für den größten Zuwachs an Zuwanderern im russischen Fernen Osten, während die größte Abwanderung in die Ukraine und nach Moldau erfolgte. Arbeitsmigranten werden von ihren Angehörigen nachgefolgt (Kettenwanderung), was manchmal mit gesetzwidrigen Tätigkeiten einhergeht: Schmuggelei, Steuerhinterziehung usw. (Akaylo 2014). Antirussische Stimmungen sind im Umfeld der Migranten weit verbreitet, insbesondere unter jungen Menschen (Bunyaeva et al. 2017). Die Situation verbessert sich stellenweise; so ging die Abwanderung aus Kirgisistan um die Jahrhundertwende zurück, nachdem Russisch zu einer der beiden Staatssprachen erklärt wurde. Schließlich übernehmen ethnische Russen zunehmend die Rolle transnationaler Identität und fungieren als Vermittler zwischen der RF und einigen Ländern der ehemaligen SU (Saunders 2005). Andere Nationen sollten die russischen Erfahrungen mit ehemaligen Sowjetrepubliken und ethnischen Minderheiten studieren, die im Vergleich zu den Kolonien anderer Nationen offensichtlich erfolgreicher sind.

Die Arktis

Die Geburtenrate der indigenen Bevölkerung arktischer Regionen ist höher als bei der nicht-Indigenen (Heleniak et al. 2020). Kalaallisut - die offizielle grönländische Sprache - und ihre Varianten werden von etwa 70 % der Bevölkerung Grönlands gesprochen (Andersen 2026). 1979 erlangte Grönland die Selbstverwaltung und 2009 durch ein Gesetz, das einen Fahrplan für die Unabhängigkeit enthielt, und zwar die Selbstbestimmung. Das Gesetz legte fest, dass die Entscheidung über die Unabhängigkeit von Dänemark nun bei der lokalen Bevölkerung liegt (Olesen 2025).

Gleichzeitig ist Grönland weiterhin auf jährliche dänische Zuwendungen in Höhe von rund 600 Millionen US-Dollar bzw. etwa 25 % des Bruttoinlandsprodukts angewiesen (Grydehoj 2020; Olesen 2025). Die Vorzugsrechte der indigenen Bevölkerung an den natürlichen Ressourcen wurden anerkannt (Khrushchev 2024). Die politische Autonomie und strategische Erwägungen stellen die Zukunft dänischer Souveränität in Frage (Jacobsen et al. 2024). Aus globalstrategischer Sicht wäre es für Grönland am besten, einen Teil der Vereinigten Staaten zu werden, wobei die Option bestünde, gleichzeitig ein autonomes Territorium des Königreichs Dänemark zu bleiben.

Dasselbe gilt für Kanada. Das kanadische Territorium Nunavut weist die höchste Geburtenrate unter den arktischen Regionen auf, gefolgt vom Autonomen Kreis der Nenzen in RF; beide liegen über dem globalen Durchschnitt (Heleniak et al. 2020). Die Inuit-Mehrheiten in Nunavut und Grönland wandeln de jure territoriale Regierungsformen in de facto indigene um. Sowohl Grönland als auch Nunavut streben nach mehr Autonomie. Im Gegensatz dazu haben die indigenen Völker in der postsowjetischen RF auf dem Weg zur Selbstverwaltung kaum Fortschritte erzielt (Wilson 2020). Wer über Selbstbestimmung z.B. der Republik Komi oder Tschukotka redet, riskiert, als Verräter oder Wahnsinniger abgestempelt zu werden. Außerhalb der RF gewinnt der indigene Internationalismus an Bedeutung (Coates und Holroyd 2020). Angesichts ihrer natürlichen Ressourcen und absoluter Bevölkerungszahlen könnten die Inuit zu den wohlhabendsten Ethnien weltweit werden. Deswegen sind resolute Schritte erforderlich, um Kanada in vereintes Amerika zu integrieren. Québec könnte in der neuen Föderation einen Sonderstatus genießen (Simeon 1977). Lokale Interessen sollten gemeinsamen Zielen untergeordnet werden (Thompson 2008).

Der Nahe Osten

Zur Konfliktprävention sollte die Bevölkerungszahl von Minderheiten nicht die von der Mehrheitsbevölkerung eines Landes übersteigen. Dies ist in vielen jüdischen Familien berücksichtigt. Im orthodoxen milieu bleibt jedoch die Geburtenrate auf einer relativ hohen Ebene. Die Migration nach dem dicht besiedelten Palästina, die unter Wasser- und Energieknappheit leidet, führte zu einem Wettstreit um Lebensraum. Argumente wie das „historische Erbe“ sind für andere Völker nicht unbedingt akzeptabel. Beide Seiten des Nahostkonflikts haben Terrorismus eingesetzt (Lynn 2019). Staatliche Gewalt ist zerstörerischer als die von nichtstaatlichen Akteuren (Silke 2019).

In den 1860er Jahren lebten in Palästina etwa 14.000 Juden, was 4 % der damaligen Gesamtbevölkerung von 350.000 entsprach (Lynn 2019). Von 1948 bis 2002 wuchs die Bevölkerung Israels von 806.000 auf 6,3 Millionen, bzw. 9,8 Millionen, wenn die palästinensischen Gebiete mitgezählt werden (Lahau und Arian 2004). Zusammen mit der Zuwanderung dürfte die Bevölkerung des trockenen Landes, das weitgehend von Auslandshilfe und Meerwasserentsalzung abhängig ist, bis Mitte des Jahrhunderts 16 Millionen erreichen. Geburtenrate israelischer und palästinensischer Frauen ist annähernd gleich (3,1): höher als im Iran (1,8), in Tunesien (2,0), Saudi-Arabien (2,1) und die höchste in den entwickelten Teilen der Welt (Bricker und Ibbitson 2019). Zugegebenermaßen ist der Zuwachs an Bevölkerung in den wüstenhaften Öl-Förder-Ländern dank der Einwanderung auch gewaltig (Grosch 2022).

Israel entstand durch die Vertreibung von Nichtjuden. Diskriminierung aufgrund der ethnischen Zugehörigkeit bzw. des Glaubensbekenntnisses ist in der Staatspolitik verankert. Der Autor beobachtete den Massenabriss denkmalschutzwürdiger osmanischer Architektur von Jaffa und Jerusalem im Laufe der jüngsten Rekonstruktionen sowie die flächenhaft zerstörte Wohnviertel von Beirut. Wenig überraschend zählten palästinensische Christen zu den Unterstützern des panarabischen Nationalismus (Hoffman 2019). Es ist schwer zu beantworten, warum die Christen und Muslime das Land, Immobilien und Wasserquellen an Einwanderer von verschiedenen Kontinenten abtreten sollten, darunter auch an solche, die sich zum Judentum bekannten, nur weil dies für die „Repatriierung“ erforderlich war. Von den schätzungsweise 950.000 Arabern, die 1948 in Palästina lebten, mindestens 80 % flohen oder wurden vertrieben. Zusätzlich wurden 1967 ungefähr 250.000-300.000 Menschen vertrieben. Dabei wurde die sogenannte passive, also nicht unmittelbar tödliche Gewalt angewendet: Zerstörung von Häusern, Straßen und Olivenhainen. Tausende Ureinwohner sind durch die Abrisse obdachlos geworden (Rubenberg 2019).

Angesichts des Ukraine-Krieges muss die Doppelmoral hervorgehoben werden: Für vergleichbare Militäraktionen sind gegen Israel keine Sanktionen verhängt worden. Im Gegenteil wurde finanzielle und technische Hilfe geleistet. Offenbar haben bestimmte Akteure auf beiden Seiten des Nahostkonflikts bei der Annahme von Auslandshilfe kooperiert: Einige erhalten sie aus dem Westen, andere von Ölförderländern. Israel ist seit dem Zweiten Weltkrieg der größte Empfänger von US-amerikanischer Auslandshilfe (Sharp 2023) und erhält derzeit jährlich 3,8 Milliarden Dollar (Editorial 2025). Jeder Migrant nach Palästina konnte einsehen, dass er oder sie direkt oder indirekt das Eigentum anderer in Besitz nehmen und teilweise auf Kosten der Auslandshilfe leben würde, die hauptsächlich aus den Vereinigten Staaten und Deutschland kommt.

In diesem Zusammenhang soll die ethnisch-konfessionelle Diskriminierung in deutscher Einwanderungspolitik erwähnt werden. Es genügte, sich als Jude zu bezeichnen, um eine unbefristete Aufenthaltserlaubnis als Kontingentflüchtling im Rahmen einer humanitären Hilfsaktion oder gemäß § 33 AuslG aufgrund einer Übernahmeerklärung des Bundesinnenministers zu erhalten. Auf diese Weise werden andere Ausländer diskriminiert: nach vielen Arbeitsjahren müssen sie das Land verlassen. Viele Flüchtlinge leben jahrelang von den Sozialhilfeleistungen (welfare dependence of immigrants) (Macura et al. 2005). Das Sozialamt wird als Club für ausgewähltes Publikum gesehen, wo die Reichtümer verteilt werden: „monatlicher

Sozialhilfesatz“ und „gemütliche Sozialwohnungen“ (Lagodinsky 2009). Gespräche dieser Art über das Sozialamt können in einem vornehmen Restaurant oder z.B. einem Konsulat gehört werden, wo die Kontingentflüchtlinge ihre Verwandten und Bekannten zu sich nach Deutschland einladen. Als Asylberechtigte bekommen sie neben der Sozialhilfe das Kinder-, Erziehungs- und Wohngeld, BAföG usw. Neben einer Arbeitserlaubnis erhält man spezielle Förderungen und finanzielle Hilfen vom Staat. Innerhalb der Sozialversicherung genießen sie vollen Versicherungsschutz durch Leistungen im Rahmen der Arbeitslosen-, Kranken-, Renten-, und Unfallversicherung. Die einschränkenden Vorschriften für Asylbewerber finden auf sie allerdings keine Anwendung (Neubauer 1995). Manche Flüchtlinge betreiben mehr oder weniger legale Geschäfte, ohne sich um die Steuer zu kümmern. Trotz rechtlicher und moralischer Barrieren reisen viele derartige Flüchtlinge in ihre einstige Heimat in der ehemaligen SU. Es gibt Fälle, wo Kontingentflüchtlinge ihre Moskauer Wohnungen vermieteten oder wo der Familienvater ein Geschäft in Russland betrieb, während die Familie in der BRD von der Sozialhilfe lebte.

Das Camp-David-Abkommen war ein wirksames Instrument zur Sicherung von Auslandshilfe. Der „Frieden von Camp David“ wäre ohne die massive Zuwendung nicht möglich gewesen (Rustow 1982). Im Jahr 2003 waren etwa zwei Drittel der palästinensischen Wirtschaft von Entwicklungshilfe abhängig (Jaeger und Tophoven 2011). Der Nahe Osten importiert mehr als die Hälfte seiner Lebensmittel. Die Land- und Wasserknappheit wird sich weiter verschärfen (Lybbert und Morgan 2013). Die Wasserquellen sind übernutzt und verschmutzt (Bard 2007). Die Landwirtschaft unter Bedingungen unzureichender Wasserversorgung ist wirtschaftlich und ökologisch ungünstig, da fossile Brennstoffe zur Entsalzung verbrannt werden. Israel gehört zu den Ländern mit dem größten Wassermangel; die Landwirtschaft verbraucht mehr als die Hälfte des Wassers (OECD 2023). Es wird erwartet, dass sich die Kluft zwischen Wasserangebot und -nachfrage weiter vergrößern wird (Jaeger und Tophoven 2011). Der See Genezareth ist von der Versalzung bedroht. Im Gazastreifen ist der Küstengrundwasserleiter die wichtigste Ressource, der aber zunehmend verschmutzt und versalzt wird. Das Oberflächenwasser aus den Hebron-Bergen wird von Israel umgeleitet und im Gazastreifen unverfügbar gemacht (Rubenberg 2019).

Importeure zahlen weiterhin für das Öl aus dem Nahen Osten, das aus enteigneten Konzessionen von Standard Oil, Texaco bzw. Aramco (Arabisch-Amerikanische Ölgesellschaft) kommt. Infolge der Palästinakonflikte erlangten die Regierungen im Nahen Osten bis 1976 die Kontrolle über die fossilen Brennstoffe. Die Konzessionsinhaber verloren ihr Eigentum und die damit verbundene Macht, was zu einem drastischen Anstieg der Ölpreise führte (Tabelle 2) (Shwadran 1986). Das Ölembargo von 1973/74 löste weiterhin einen massiven Anstieg der Ölpreise aus (Cordesman 2004). Dies war vorhersehbar und offensichtlich ein verstecktes Motiv der arabisch-israelischen Kriege. Gleichzeitig wurde der Region massive Auslandshilfe gewährt. In gewisser Weise haben die Nutznießer ihre Geldgeber überlistet. Die Sowjetunion hat diesen Prozess bereitwillig unterstützt. Die Existenz Israels lässt sich rechtfertigen, wenn es sich an der Beschaffung des Zugangs der zivilisierten Menschheit zu den Energieressourcen des Nahen Ostens beteiligt - also an der endgültigen Lösung des Problems der Abhängigkeit von fossilen Brennstoffen. Die Kombination aus Öleinnahmen und aggressiver Politik schafft Anreize zur Auslösung internationaler Konflikte. „Petrorevolutionäre" Regierungen stellen eine Bedrohung für den internationalen Frieden dar. Berichten zufolge initiieren Erdölstaaten doppelt so häufig militarisierte zwischenstaatliche Konflikte wie Nicht-Erdölstaaten (Colgan 2013).

Tabelle 2. Öl im Nahen Osten: Anteil der lokalen Regierungen und Preis, 1948-1975 (Shwadran 1986).

	1948	1970	1973	1975
Anteil der lokalen Regierungen %	0	0	25	60
Preis in Dollar pro Barrel	2,05	1,8	2,9	12,4

Die Energie für die Wasserentsalzung könnte durch Kernkraftwerke erzeugt werden, doch dauerhafter Frieden ist notwendig, weil nukleare Anlagen Kriegsziele darstellen. Offenbar ist die Steigerung der Preise für fossile Brennstoffe eines der Motive der aktuellen Kriegstreiberei. Derzeit gibt es keine Alternativen zur Kernenergie. Langfristig werden nicht erneuerbare fossile Brennstoffe teurer, was energiebasierte Erpressung begünstigt (Karamitsios 2022), in ölproduzierenden Regionen zu Überbevölkerung und anderswo zu Armut führt.

Gut betriebene Kernkraftwerke bergen weniger Risiken als Wärmekraftwerke. Die gesundheitlichen Belastungen sind bei Kohle- und Ölkraftwerken am höchsten, bei Erdgas geringer und bei Kernkraftwerken noch niedriger (Markandya und Wilkinson 2007). Hoffentlich wird die Kernspaltung in Zukunft durch die Kernfusion ersetzt, die prinzipiell sicherer ist. Die Kernfusion sollte eine saubere Energiequelle mit reichlichen Rohstoffen bieten (Duffy 2010). Die weltweite Nutzung der Kernenergie muss von einer in Industrieländern basierten Behörde gesteuert werden. Dauerhafter Frieden und internationale Zusammenarbeit sind für dieses und andere Großprojekte unerlässlich. Trotz der Aussicht auf günstigere und sauberere Energie könnte ein Rückgang der regionalen und globalen Bevölkerungszahlen unausweichlich sein.

Geburtenkontrolle

Der Fortschritt soll mit Verbesserungen der Moral einhergehen. Allerdings verwirren internationale Wanderungen dieses Schema. Eine reproduktive Nötigung wird verwendet, um einen bestimmten Genotyp zu verbreiten oder eine Ehe zu verfestigen, die mit dem Ziel geschlossen wurde, eine Aufenthaltserlaubnis bzw. Unterkunft zu erhalten (Arkhangelsky et al. 2019; Jargin and Robertson 2025). Letzteres könnte einer der Mechanismen der Geburtenerhöhung sein, die unmittelbar nach der Einwanderung beobachtet wird (Anderson 2004). Dabei kommen verschiedene Mittel zum Einsatz: Verführung und Überredung bis zur Hypnose, Alkohol und Drogen, Einschüchterung und Gewaltanwendung. Angesichts der fortschreitenden Migrationen sollten sich Frauen dieser Strategien bewusst sein.

Fälle sind bekannt, wenn eine erbliche Erkrankung (Typ-1-Diabetes mellitus, männlicher Stein-Leventhal, Marfan-Syndrom etc.) von Partner(in) verheimlicht und dann von der Nachkommenschaft erworben wurde (Kapitel 7). Reproduktiver Zwang kann physischen, sexuellen, finanziellen oder psychischen Missbrauch beinhalten (Tarzia und McKenzie 2024). Berichten zufolge werden 70-75 % der Fälle sexueller Gewalt in Moskau von Einwanderern aus Zentralasien begangen; auch andere ethnisch/konfessionelle Gruppen sind in diesem Feld aktiv. Eine ethnische Migration ist oft wie Kettenreaktion: ein reüssierter Einwanderer wird von Verwandten gefolgt, was manchmal mit gesetzwidrigen Tätigkeiten einhergeht: Schmuggelei, Steuerhinterziehung usw. Schließlich soll auch das politische Asyl erwähnt werden, welches von Wirtschaftsmigranten missbraucht wird, während der Mechanismus zumindest in Russland teilweise korrumpiert ist (Burtina et al. 2017).

Laut einem 2012 veröffentlichten Bericht wurde jeder siebte Mord und etwa 50 % der Vergewaltigungen in Moskau von Ausländern begangen (Strauning 2019). Dabei werden die Einwanderer aus dem Nordkaukasus und Miglieder ethnischer Minderheiten nicht als Ausländer gezählt, weil sie russische Staatsbürger sind. Viele

Straftaten bleiben ungemeldet oder unaufgeklärt, insbesondere jene, die von Migranten begangen werden (Kuryakov et al. 2012). Unter den im russischen Fernen Osten lebenden Ausländern wurden Straftaten am häufigsten von ethnischen Nichtrussen begangen; hierbei war ein steigender Trend zu verzeichnen. Die Kriminalität in diesem Milieu korrelierte mit dem Anteil illegaler Einwanderer (Samoylyuk und Nikitenko 2015). Die kriminelle Aktivität von Migranten wurde auf das Vierfache des russischen Durchschnitts geschätzt (Antonov-Romanovsky et al. 2013). Vergleichbare Daten sind in der aktuellen Literatur schwer zu finden. Das Thema scheint heutzutage gemieden zu werden. Angesichts der hohen gesellschaftlichen Bedeutung erscheint es sinnvoll, den Migrationsstatus als erschwerenden Umstand im Strafrecht zu berücksichtigen.

Die Geburt eines Kindes verringert die Ressourcen für diejenigen, die sie bereits benötigen (Stanbury 2024). Sterilisation ist eine zuverlässige Verhütungsmethode. Die chirurgische Unfruchtbarmachung kann eine praktikable Lösung sein, insbesondere für Männer, die nicht imstande oder willig sind, ihr Verhalten zu kontrollieren und die Empfängnisverhütung anzuwenden. Die Vasektomie ist eine risikoarme Methode der dauerhaften Empfängnisverhütung, sie ist einer Abtreibung und ungewollten Schwangerschaft vorzuziehen. Die Kaiserschnitt-Tubenligatur sollte von den Frauen in Betracht gezogen werden, die keine weiteren Schwangerschaften planen. Die Schnittentbindung soll auf Wunsch der Schwangeren immer verfügbar sein, auch wenn keine medizinischen Kontraindikationen für eine vaginale Entbindung vorliegen. Dies betrifft auch Russland, wo ein Kaiserschnitt auf Wunsch der Frau in der Regel nicht durchgeführt wird. Der Anstieg der Kaiserschnittrate ist insbesondere für überbevölkerte Regionen eine günstige Entwicklung. Die Aufnahmeländer entscheiden, wen sie aufnehmen und wen nicht. Die Sterilisation kann als Voraussetzung für eine Arbeitserlaubnis und/oder einen dauerhaften Aufenthaltstitel gelten (Kapitel 8).

Zugegebenermaßen kann eine operative Sterilisation als Verletzung körperlicher Unversehrtheit angesehen werden. Dasselbe gilt auch für sexuelle und reproduktive

Nötigung für die Migrationszwecke, zur Verbreitung eines bestimmten Genotyps oder zur Steigerung der nationalen Geburtenrate. Die Tatsache, dass einige Opfer ihre Vergewaltiger heiraten, wurde als Indiz dafür gewertet, dass Frauen dies genießen; tatsächlich belegen vorliegende Berichte unterschiedliche Grade von Traumatisierung. In diesem Zusammenhang müssen das Syndrom misshandelter Frauen und die erlernte Hilflosigkeit rechtzeitig erkannt werden.

Hohe Geburtenraten werden mitunter für geopolitische Zwecke missbraucht und sollten als solche bekämpft werden. Man kann argumentieren, dass Sterilisation die sexuell übertragbaren Krankheiten nicht verhindert; diese Krankheiten können aber als selbstverschuldet infolge fahrlässigen Verhaltens betrachtet werden und sind somit in gewisser Weise eine Privatsache. Sobald Kinder geboren werden, ist es keine Privatsache mehr, da die Kinderzahl in einer Familie heutzutage von öffentlichem Interesse ist. Wie bereits erwähnt, führt die Geburt eines neuen Kindes zu weniger Ressourcen für diejenigen, die diese bereits benötigen.

Schlussfolgerung

Die Arbeitsproduktivität wächst; die Arbeitslosigkeit nimmt vielerorts zu, wenige Werktätige können für viele Menschen den Lebensunterhalt liefern. In Vergangenheit wurden ähnliche Entwicklungen durch Kriege oder Epidemien unterbrochen. Die Menschheit wartet untätig, während die Weltbevölkerung wächst. Es gibt aber viele Dinge zu tun. Große Projekte könnten verwirklicht werden, um das Leben von Milliarden zu verbessern: Bewässerungsanlagen für die von Dürre betroffenen Länder, weltweite Entwicklung von nuklearen und anderen Energiequellen als Alternative zu fossilen Kohlenwasserstoffen. In Zukunft wird die Kernspaltung wahrscheinlich durch die in sich sicherere Fusion ersetzt. An großen Flüssen könnten Wasserkraftwerke gebaut werden, um Wasserstoff als umweltfreundliches Treibmittel zu produzieren. Neue Substanzen, die in der Industrie, Ernährung oder Medizin eingesetzt werden, sollen an großen Tierpopulationen auf Toxizität getestet werden, um statistische Signifikanz zu erzielen und seltene stochastische

Auswirkungen zu erfassen. Solche Aktivitäten würden viele Arbeitsplätze schaffen. Dafür braucht man nicht nur dauerhaften Frieden, sondern auch gegenseitiges Vertrauen. Leider kann Vertrauen missbraucht werden. Der Autor stimmt zu, dass ein Problem der osteuropäischen Gesellschaften der Mangel an Vertrauen war (Hardin 2009), der bis heute fortbesteht.

Die Notwendigkeit einer Geburtenkontrolle wurde durch widersprüchliche nationale und globale Interessen verschleiert: das Bevölkerungswachstum wird manchmal als Instrument gesehen, das zur Souveränität und zum wirtschaftlichen Fortschritt der Entwicklungsländer beiträgt. Schwelende Konflikte stimulieren das Bevölkerungswachstum. Eine in den Industrieländern ansässige internationale Behörde könnte der zunehmenden Überbevölkerung, den ethnischen und geschlechtsspezifischen Verschiebungen entgegenwirken.

Schnell wachsende Völker sollten im engeren Raum leben. Die Folgen des Geschlechterungleichgewichts müssen von Populationen mit Überzahl von Männern infolge Migrationen und/oder geschlechtsselektiven Abtreibungen getragen werden. Die Anerkennung dieser Prinzipien soll die Grundlage für internationales Verständnis und Vertrauen bilden. Angesichts der ökologischen und ökonomischen Bedingungen muss für verschiedene Regionen eine optimale Geburtenrate empfohlen werden. Wer soll das bestimmen? Voe allem, jede Frau für sich selbst. In stabilen Gesellschaften mit ausreichenden Nahrungs- und Wasserressourcen kann die Geburtenrate etwas höher sein als in Regionen, in denen entsalztes Wasser und mit Entwicklungshilfe und/oder Petrodollars erworbene Lebensmittel konsumiert werden. Eine internationale Behörde könnte evidenzbasierte Empfehlungen aussprechen.

Literatur

Akaylo IV (2014) Vliianie migracionnyh potokov na demograficheskoe razvitie Rossii v 21 veke (The influence of migration flows on the demographic development of Russia in the 21st century). In: Pratsko GS, ed. Demograficheskaia bezopasnost sovremennoi Rossii: politiko-pravovye mehanizmy obespecheniia nacionalnyh interesov (Demographic security of modern Russia: political and legal mechanisms for ensuring national interests). Materials of the All-Russian Scientific and Practical Conference, October 30, 2013. Rostov-on-Don: Juristic Institute; pp. 28-34.

Andersen AN. Colonial past and the US wish to buy Greenland. DIIS Q&A; 9 January 2026. https://www.diis.dk/en/research/colonial-past-and-the-us-wish-to-buy-greenland

Anderson G (2004) Childbearing after migration: fertility patterns of foreign-born women in Sweden. International Migration Review 38: 747-775.

Antonov-Romanovsky GV, Koimshidi GF, Chirkov DK, Litvinov AA (2013) Prestupnost migrantov-inostrancevi ee preduprezhdenie (Crime of foreign migrants and its prevention). Moscow: Yurlitinform.

Arkhangelsky VN, Vorobieva OD, Ivanova AE, Ryazantsev SV (2019) Demograficheskaia situacia v Rossii: novye vyzovyi puti optimizacii (Demographic situation in Russia: new challenges and ways of optimization). Moscow: Econ-Inform.

Baird V. The no-nonsense guide to world population. London: New Internationalist Press; 2011.

Bard MG (2007) Will Israel survive? New York: Palgrave Macmillan.

Bricker, D.J, Ibbitson, J, 2019. Empty planet: the shock of global population declines. London: Robinson.

Bunyaeva AV, Bunyaeva MV, Seregina EV (2017) Prestupnost migrantov: vidy i specifika prichinnosti, mery vozdeistvia na nee (Crime of migrants: types and specifics of causality, measures to influence it). Moscow: Kredo.

Burtina EIu, Korosteleva EIu, Simonov VI. Russia as a country of asylum, Moscow: Civic Assistance Committee; 2015 (in Russian)

Coates KS, Holroyd C. Introduction: circumpolar dimensions of the governance of the Arctic. In: Coates KS, Holroyd C, eds. The Palgrave handbook of Arctic policy and politics. Cham: Palgrave Macmillan; 2020; 1-7.

Colgan JD. Petro-aggression: when oil causes war. Cambridge University Press; 2013.

Cordesman A. Energy developments in the Middle East. Westport, Conn.: Praeger; 2004.

Danda, A.K, 1984. Family planning. An adaptive strategy: A case study from West Bengal. New Delhi: Inter-India Publications.

Dobrokhleb VG. Demographic aging in the aspect of gender problems in modern Russia. Population (Moscow). 2020;23(2):5-13. doi: 10.19181/population.2020.23.2.1

Duffy D.M (2010). Fusion power: A challenge for materials science. Philosophical Transactions of the Royal Society A: Mathematical, Physical and Engineering Sciences, 368(1923):3315-3328. doi: 10.1098/rsta.2010.0060.

Editorial (2025) How Israel is losing America. The Economist. September, 20th 2025.

Egan JF, Campbell WA, Chapman A, Shamshirsaz AA, Gurram P, Benn PA. Distortions of sex ratios at birth in the United States; evidence for prenatal gender selection. Prenat Diagn. 2011;31:560-5.

Government of India, 1977. Family welfare programme. A statement of policy. New Delhi: Ministry of health and Family Welfare; pp. 38.

Grech V. The Chernobyl accident, the male to female ratio at birth and birth rates. Acta Medica (Hradec Kralove). 2014;57:62-7.

Grosch M. Geopolitische Machtspiele: wie China, Russland und die USA sich in Stellung bringen und Europa immer stärker ins Abseits gerät. Reinbek: Lau Verlag; 2022

Grydehoj A. Government, policies, and priorities in Kalaallit Nunaat (Greenland): roads to independence. In: Coates KS, Holroyd C, eds. The Palgrave handbook of Arctic policy and politics. Cham: Palgrave Macmillan; 2020; 217-232.

Hardin R (2009) Trust and society. In: Galeotti G, Salmon P, Wintrobe R, eds. Competition and structure: the political economy of collective decisions: essays in honor of Albert Breton. Cambridge University Press; pp. 17-46.

Heleniak T, Turunen E, Wang S. Demographic changes in the Arctic. In: Coates KS, Holroyd C, eds. The Palgrave handbook of Arctic policy and politics. Cham: Palgrave Macmillan; 2020; 41-60.

Hesketh T, Min JM. The effects of artificial gender imbalance. Science Society Series on Sex and Science. EMBO Rep. 2012;13:487-92.

Hesketh T, Lu L, Xing ZW. The consequences of son preference and sex-selective abortion in China and other Asian countries. CMAJ. 2011;183:1374-7.

Hoffman VJ. Islam, non-Muslim minorities and human rights in the Middle East. In: Hoffman VJ, ed. Making the new Middle East: politics, culture, and human rights. Syracuse University Press; 2019; 153-193.

Jacobsen M, Wæver O, Gad UP. Greenland in Arctic Security - independence, climate change and nuclear missiles. Danish Institute for International Studies; 14 February 2024 https://www.diis.dk/en/research/greenland-in-arctic-security-independence-climate-change-and-nuclear-missiles

Jaeger K, Tophoven R (2011) Der Nahost-Konflikt: Dokumente, Kommentare, Meinungen. Schriftenreihe Bd. 1144. Bonn: Bundeszentrale für politische Bildung.

Jargin SV. The male to female ratio at birth: environmental vs. social factors. J Environ Occup Health. 2019;9(1):13-22. doi: 10.5455/jeoh.20190609051917

Jargin SV (2020) Misconduct in Medical Research and Practice. Nova Science Publishers. https://doi.org/10.52305/GIEZ3244

Jargin S, Robertson S. Medical, social and environmental aspects of overpopulation. J Environ Stud. 2025;11(1): 7.

Kadoya Y, Yin T. Gender imbalance at birth and parents' anxiety about old age in China. Discussion paper No. 855. Osaka University; 2012.

Kaliszewska I. For Putin and for Sharia: Dagestani Muslims and the Islamic state. Northern Illinois University Press; 2023.

Karamitsios K (2022) Time for a European Federation: How Europe Could Remain Relevant in the Century of Globalization, Climate Change and the Fourth Industrial Revolution. Bruxelles: P. Lang.

Kazenin KI, Raksha AI (2019) Fertility changes in Russian regions in 2018: Key tendencies. Russian Economic Development 26(8): 71-78.

Khrushchev RS. Stanovleniye domashnego samoupravleniya Grenlandii vo vtoroy polovine XX-nachale XXI vv (Formation of home self-government in Greenland in the second half of the 20th - early 21st centuries). Moscow: Probel-2000; 2024.

Klimin II (2016) O demograficheskoi bezopasnosti Rossii (1991-2014) (On the demographic security of Russia). St. Petersburg: Fora-print.

Kuchmasova AA (2018) The migration processes in the Republic of North Ossetia-Alania. Vestnik Vladikavkazsko gonauchnogo centra (Vestnik of Vladikavkaz Scientific Center) 18: 42-49.

Kuryakov IA, Metelev IS, Gaiduchenko YuS (2012) Demograficheskaia bezopasnost Zapadno-Sibirskogo regiona: sostoianie, problem i perspektivy razvitia (Demographic security of the West Siberian region: state, problems and development prospects). Omsk: Skornyakova E.V.

Lagodinsky S. Die Welten der Anderen. In: Georgi VB, Ohliger R (Hrsg.) Crossover Geschichte: historisches Bewusstsein Jugendlicher in der Einwanderungsgesellschaft. Bonn: Bundeszentrale für politische Bildung; 2009. S. 131-8.

Lahau G, Arian A (2004) Israelis in a Jewish diaspora. In: Koslowski R, ed. international migration and the globalization of domestic politics. London: Routledge; pp. 22.

16. Li D. Preference for sons: past and present. China Popul Today. 1997;14:15-6.

Li HT, Tang JL, Qiao J (20240 China's declining fertility rate. BMJ. 385: q1000.

Lybbert TJ, Morgan HR (2013) Lessons from the Arab Spring: food security in the Middle East and North Africa. In: CB Barrett, ed. Food security and sociopolitical stability. Oxford University Press; pp. 357-380.

Lynn JA (2019) Another kind of war: the nature and history of terrorism. New Haven: Yale University Press.

Macura M, MacDonald AL, Haug W. The New Demographic Regime Population Challenges and Policy Responses. Geneva: United Nations; 2005.

Markandya A, Wilkinson P (2007). Electricity generation and health. Lancet, 370:979-990.

Measham, A.R, Heaver, R.A, 1996. India's family welfare program: moving to a reproductive and child health approach. Washington: World Bank.

Michael M, King L, Guo L, McKee M, Richardson E, Stuckler D. The mystery of missing female children in the Caucasus: an analysis of sex ratios by birth order. Int Perspect Sex Reprod Health. 2013;39:97-102.

Neubauer M. Die Unterbringung und Wohnsituation von Flüchtlingen in der Bundesrepublik Deutschland. Dissertation. Universität zu Köln; 1995.

OECD (2023) Environmental performance reviews: Israel. Paris: Organisation for Economic Co-operation and Development.

Olesen MR. Why is Greenland part of the Kingdom of Denmark? A Short History. DIIS 9 October 2025.

Oleynik EB, Ivashina NV, Khramova MN (2024) Assessment of the influence of motivational factors on the formation of emigration moods of young professionals in the subjects of the Far Eastern Federal District. Narodonaselenie (Population) 27: 17-30.

Our World in Data (2021) Annual greenhouse gas emissions by world region, 1850 to 2021. Our World in Data. ourworldindata.org

Pathak KB, Feeney G, Luther NY, 1998. Accelerating India's fertility decline: the role of temporary contraceptive methods Natl Fam Health Surv Bull, (9), 1-4.

Quiring M. Der vergessene Völkermord: Sotschi und die Tragödie der Tscherkessen. Berlin: Ch. Links Verlag; 2013.

Rubenberg CA. The Palestinians: Justice denied. In: Hoffman VJ, ed. Making the new Middle East: politics, culture, and human rights. Syracuse University Press; 2019; 222-282.

Rustow DA (1982). Oil and turmoil America faces OPEC and the Middle East. Norton.

Rybakovsky OL (2023) Depopulation in the regions of Russia: results for 1992-2022 and components. Narodonaselenie (Population) 26: 4-17.

Sakevich V. The problem of deranged gender ratio in the region Eastern Europe and Central Asia. Demoscope Weekly. 2021;887-8. http://www.demoscope.ru/weekly/2021/0887/reprod04.php

Samoylyuk NV, Nikitenko IV (2015) Sistema protivodejstvia prestupnosti migrantov v Dalnevostochnom federalnom okruge Rossii (System of combating migrant crime in the Far Eastern Federal District of Russia). Khabarovsk: Ministry of Internal Affairs of Russia.

Saunders RA. A marooned diaspora. Ethnic Russians in the near abroad and their impact on Russia's foreign policy and domestic politics. In: Koslowski R, ed. International migration and the globalization of domestic politics. New York: Routledge; 2005; pp. 171-194.

Scharping T. 2003. Birth control in China, 1949-2000: population policy and demographic development. New York: Routledge Curzon.

Sharp JM (2023) U.S. Foreign Aid to Israel. Congressional Research Service.

Shwadran B. 1986. Middle East oil crises since 1973. Westview Press.

Silke A (2019) Routledge handbook of terrorism and counter-terrorism. London: Routledge.

Simagin YuA, Murtuzalieva DD (2020) Demographic problems of geostrategic territories of the Russian Far East. Narodonaselenie (Population) 23: 153-160.

Simeon R. Must Canada fail? Montreal: McGill-Queen's University Press; 1977.

Stanbury C (2024) Procreating in an Overpopulated World: Role Moralities and a Climate Crisis. J Bioeth Inq 21(4): 611-623.

Statistics of Russia. Results of the Crimean Federal District Moscow: Census; 2015.

Strauning IuA (2019) Determinanty prestupnosti migrantov v usloviiah megapolisa (Determinants of crime by migrants in conditions of a megapolis). In: Actual problems of migrations. Proceedings of an inter-university scientific and practical conference. Domodedovo: Ministry of Internal Affairs of the Russian Federation; pp. 73-76.

Tarzia L, McKenzie M (2024) Reproductive coercion and abuse in intimate relationships: Women's perceptions of perpetrator motivations. PLoS One 19: e0299069.

Tavbulatova ZK, Sugarova IV, Abieva MM. Sovershenstvovani esistemy formirovania budzhetnoi sistemy dotacionnyh regionov (Improving the system for forming the budget system of subsidized regions). Grozny: Chechen University; 2021.

Thompson JH, Randall SH. Canada and the United States: ambivalent allies. University of Georgia Press; 2008.

Van Niekerk JP de V (2008) Humans - a threat to humanity. S Afr Med J 98: 163.

19. Williamson NE. Sex preference and its effect on family size and child welfare. Draper Fund Rep. 1982;(11):22-5.

Wilson JN. Indigenous internationalism in the Arctic. In: Coates KS, Holroyd C, editors. The Palgrave handbook of Arctic policy and politics. Cham: Palgrave Macmillan; 2020; 27-40.

Kapitel 2. Afrika südlich der Sahara

Subsahara-Afrika weist die höchste Rate an Unterernährung, Armut und konfliktbedingten Todesfällen weltweit auf. Armut bleibt die größte Herausforderung, doch die meisten afrikanischen Länder kämpfen auch mit mangelhafter Infrastruktur und niedriger Produktivität, Konflikten, Korruption und Misswirtschaft. Gleichzeitig sieht sich Subsahara-Afrika mit steigenden Lebensmittel- und Energiepreisen konfrontiert. Die landwirtschaftliche Produktivität ist niedrig; die Wasserressourcen leiden unter suboptimaler Verteilung und Misswirtschaft (Barrett und Upton 2013; Sessay et al. 2013). Überbevölkerung ist das dringende Problem in Subsahara-Afrika, und die Wachstumsaussichten sind hoch. So wird beispielsweise erwartet, dass die Bevölkerung Ugandas bis 2050 auf über 100 Millionen ansteigt, was mit Entwaldung und Erosion von Ackerland einhergehen wird (Coombes 2009). Prognosen zufolge wird Nigerias derzeitige Bevölkerung von rund 238 Millionen weiter wachsen. Entwaldung und Bodenerosion begleiten das zehnfache Bevölkerungswachstum Äthiopiens (Nyssen et al. 2009). Bis zu 264,2 Millionen Menschen in Subsahara-Afrika (24,1 % der Gesamtbevölkerung) litten im Jahre 2020 unter Unterernährung. Diese Zahlen werden voraussichtlich steigen (Owolade et al. 2022).

Studien berichten von hohen Raten der Kindesmisshandlung in Subsahara-Afrika, mit einer Prävalenz von bis zu 64 % (Meinck et al. 2015). Sexueller Missbrauch von Kindern ist hier im Durchschnitt häufiger als in jedem anderen Teil der Welt (Piolanti et al. 2025). Jedes fünfte Mädchen unter 18 Jahren erlebt Vergewaltigung oder sexuelle Nötigung (Cluver et al. 2025). Viele Fälle bleiben ungemeldet (Pitche 2005). In Subsahara-Afrika und Südasien ist die reproduktive Nötigung (RN) verbreitet. Viele afrikanische Männer verbieten ihren Frauen die Anwendung von Verhütungsmitteln (Baritwa und Joho 2024). Die Prävalenz von RN im vergangenen Jahr war in der Demokratischen Republik Kongo am höchsten (20,3 %) (Wood et al. 2023). Niger hat die weltweit größte Geburtenrate bei Jugendlichen (Tomar et al.

2025). Im letztgenannten Land berichteten 11-17 % der weiblichen Jugendlichen von RN, wobei der höchste Anteil in der Altersgruppe der 13- bis 14-Jährigen zu verzeichnen war (DeLong et al. 2020). RN ist verbreitet in Kenia, wo 10 % aller Geburten ungewollt und 25 % ungeplant sind (Boyce et al. 2020). In Äthiopien gaben etwa 27,3 % der Schwangeren an, im vergangenen Jahr RN erlebt zu haben, wobei 14,3 % die schwersten Formen davon erlitten haben (Dozier et al. 2025). In der Elfenbeinküste haben 49,8 % der Frauen jemals körperliche oder sexuelle Gewalt durch ihre Partner erfahren, und 18,6 % haben RN erlebt (Mahon et al. 2025). Simbabwe weist eine der höchsten Raten an Gewalt durch Partner auf; 33 % der Mädchen hatten vor ihrem 18. Lebensjahr ungewollte sexuelle Erfahrungen (Bengesai und Chikhungu 2025).

Darüber hinaus ist die Prävalenz von Misshandlung älterer Menschen in Subsahara-Afrika relativ hoch, wobei körperliche Gewaltanwendung die häufigste Form darstellt (Gedfew et al. 2024). Besonders hoch ist die Prävalenz in Uganda, wo sie auf 89,0 % geschätzt wird und damit höher ist als in Indien (50,2 %), Iran (38,5 %), China (36,2 %) und anderen Industrienationen (Atim et al. 2023). Südafrika leidet unter einer Welle von Gewalt gegen Frauen und Kinder. Trotz Protesten scheint der politische Wille zur Veränderung zu fehlen (Steyn et al. 2024). Mädchen und Frauen unter 18 Jahren machen etwa 40 % aller Vergewaltigungen und anderer Formen sexueller Übergriffe aus. Kindesmissbrauch ist weit verbreitet (Smith et al. 2010). Schätzungsweise werden über 88 % der Kindesvergewaltigungen nie angezeigt (Shaka 2020). Die hohe Rate an Kindstötungen aufgrund sexueller Übergriffe steht im Zusammenhang mit der hegemonialen Männlichkeit (Hoosen et al. 2022). Eine Studie ergab, dass die Tötungsrate bei Kindern unter 18 Jahren in Südafrika bei 5,5 pro 100.000 lag, verglichen mit 2,4 im globalen Durchschnitt. Die Altersgruppe mit dem höchsten Risiko für tödliche Kindesmisshandlung waren Kinder im Alter von 0 bis 4 Jahren (Dempers et al. 2018). Bemerkenswert ist, dass sexuelle Gewalt in Südafrika vor 1990 minimiert wurde, danach aber wieder zugenommen hat, insbesondere in den Jahren 2001-2002 (Posel 2005).

Die vorkolonialen Sitten wie z.B. Sklaverei wurden von den Europäern allmählich abgeschafft (Bjornlund et al. 2022; Phillips 1989). Söhne der lokalen Eliten besuchten Universitäten. Die moderne Gesundheitsversorgung wurde nach und nach eingeführt, was mit einer steigenden Lebenserwartung einherging. Dennoch bleibt Europas Kolonialgeschichte ein wunder Punkt. Sie verleiht den ehemals kolonisierten Ländern weder ein moralisches Ansehen - noch, seit den Umbrüchen der 1950er und 60er Jahre, irgendeine andere positive Stellung. Die Bilanz des Kontinents seit der Unabhängigkeit ist nicht beeindruckend. Konflikte und politische Krisen wiederholen sich immer wieder (O'Dempsey und Munslow 2006). Gemessen an sozio-politischer Stabilität, Finanzlage (einschließlich Wechselkursen), Menschenreche, Migrationsstatistik, Bildungsstandards und Lebenserwartung befindet sich Subsahara-Afrika in keiner beneidenswerten Lage. Viele Apologeten führen die Anzeichen von Dysfunktionalität weiterhin auf die Nachwirkungen des Kolonialismus zurück. Für diejenigen, die ihre Ansichten auf Fakten und Ehrlichkeit gründen, ist es schwer, sich solcher Deutungen anzuschließen.

Der wohl größte Fehler der Kolonialmächte lag darin, Völkern die Unabhängigkeit zu gewähren, die weder für die Demokratie noch für eine erfolgreiche nicht-demokratische Regierung bereit waren - und es bis heute sind. Jedenfalls blieben die Bemühungen, den sozial primitiven Ländern eine Demokratie einzuflößen, erfolglos. Die zehn ärmsten Länder der Welt liegen in Afrika. So erlangte beispielsweise Nyasaland 1964 als neuer Staat Malawi die Unabhängigkeit von Großbritannien. Es ist eines der ärmsten Länder der Welt: Mehr als die Hälfte der 20 Millionen Einwohner lebt unterhalb der Armutsgrenze, 25 % in extremer Armut. Die Herausforderung der Überbevölkerung wurde dort nie angegangen. Seit den 1960er Jahren hat sich die Bevölkerung von Nyasaland verfünffacht, ohne dass es entsprechende Fortschritte in der Wirtschaft gegeben hätte.

In Südafrika steigt die Bevölkerungszahl zusätzlich durch legale und illegale Zuwanderung. Die erste Volkszählung (1911) bezifferte den Anteil der Weißen auf 22 % der Gesamtbevölkerung. 1980 waren es 16 % und 2011 nur noch 8,9 %.

Gleichzeitig übersiedelten Bantu in überwiegend weiße Gebiete (Rhoodie 1969). Diese Entwicklungen trugen, zusammen mit der niedrigeren natürlichen Wachstumsrate, zum sinkenden Anteil der weißen Bevölkerung bei. Bis in die 1970-1980er Jahre wurde diese „Weiße Flucht“ (auch als „Brain Drain“ bezeichnet) teilweise darauf zurückgeführt, dass viele der Auswanderer die Apartheid ablehnten. Die Auswanderung setzte sich danach fort, doch die Beweggründe haben sich verändert. Korruption, Kriminalität, Verfall der Infrastruktur sowie mangelnde Zukunftschancen für Kinder sind heute die häufigsten Gründe für die Auswanderung aus Südafrika. Die Bevölkerungszahl des Landes wurde für 2022 auf 60,6 Millionen geschätzt. Anfang der 1990er-Jahre lag sie bei etwa 35 Millionen. Einem Bericht der Vereinten Nationen zufolge lebten 2020 schätzungsweise 2,8 Millionen ausländischer Migranten in Südafrika. Schwarze machen etwa 80 % der südafrikanischen Bevölkerung aus, und ihr Anteil wächst.

Dreißig Jahre nach dem Start der Demokratie hat Südafrika die Hoffnungen und Erwartungen noch lange nicht erfüllt. Es war zu erwarten, dass die tiefgreifenden Veränderungen, welche die ersten demokratischen Wahlen im April 1994 mit sich brachten, Fehler und Schwierigkeiten verursachen würden. Jede große Veränderung erfordert Lernprozesse, und Fehler gehören dazu. Obwohl viele Bürger der Zukunft des Landes unter der Mehrheitsregierung mit Unsicherheit und Besorgnis entgegenblickten, bezweifeln wir, dass viele der neu Wahlberechtigten diese Vorbehalte teilten.

Theoretisch, oder idealerweise, waren die letzten Hindernisse für den Fortschritt der Mehrheit beseitigt. Der Weg für die „Regenbogennation“ schien unbehindert zu sein. Damit die Demokratie jedoch gelingen könnte, müssen verschiedene Faktoren gegeben sein. Dazu gehören ein nicht zu hoher Wettbewerb um ein komfortables Leben, Meinungsfreiheit, ein angemessenes Bildungsniveau der Wähler - damit diese die Wahlkampfreden und Versprechen der Kandidaten bewerten könnten - sowie persönliche Sicherheit, moralische Integrität und Verantwortung. Es ist außerdem hilfreich, wenn die Bevölkerung monokulturell und einsprachig ist. Keiner dieser Faktoren war in den Ländern des südlichen afrikanischen Subkontinents gegeben.

Subsahara-Afrika lässt keine Gelegenheit aus, den Globalen Norden des Kolonialismus zu bezichtigen. Die Verfehlungen wurden übertrieben dargestellt - offensichtlich mit dem Ziel, von den schuldbeladenen „Tätern" möglichst viel Wiedergutmachung zu fordern. Aus ähnlichen Gründen wurden die Vorteile des Kolonialismus geleugnet. Der Globale Norden wiederum neigt zu einem unangemessen Schuldgefühl für seine frühere Behandlung des „dunklen Kontinents". Wenn Afrika weiterhin das übersteigerte Gewissen des Nordens ausbeuten und echte Fortschritte erzielen will, sollte es sich voll und offen zu der Politik bekennen, die mit der westlichen Welt übereinstimmt, anstatt sich abzuspalten und geschlossen einer mangelhaften Ethik anzuhängen. Apropos: Das bekannte ethische Konzept von Ubuntu ist nichts anderes als Kollektivismus, einst in der Sowjetunion propagiert.

Viele Südafrikaner aller Bevölkerungsgruppen sind anständige und vernünftige Menschen, die sich eine Rückkehr zu Ordnung und nationalem Ansehen wünschen. Diese Menschen verdienen Besseres als das, was aus dem Land unter der Herrschaft der Mehrheit geworden ist. Es gab und gibt viel Gutes über den Kolonialismus zu sagen - insbesondere über den britischen. Weniger vielleicht über den Subkontinent in seiner postkolonialen Phase. Es gibt in Südafrika noch immer positive Aspekte, doch die meisten davon sind schnell verschwindende Relikte. Demokratie schafft Schwächen. Eine vorzeitige Demokratie schafft ein breiteres Spektrum größerer Schwächen.

Ein anederes Problem besteht darin, dass die Transformationsbewegung nicht nur auf der völligen Ablehnung der südafrikanischen Geschichte, sondern auch auf einer ebenso gedankenlosen Aburteilung des Kolonialismus beruht. Tatsächlich enthielt vieles, was unter dem Namen „Kolonialismus" verpönt ist, einen großen Wert. Auch die Apartheid - keineswegs eine südafrikanische Erfindung - war ein wirksames Mittel, um der Zivilisation in einem Gebiet, das ihr abweisend und feindlich gesinnt war, Fuß zu fassen. Der Wunsch der Weißen, die Entwicklung der gesamten

Bevölkerung zu fördern, ist unbestreitbar (Rhoodie 1969). Es ist bezeichnend, dass es angesehene Schwarze Menschen gibt, die diese wichtigen Wahrheiten erkennen. In den 1960er Jahren erlebte Südafrika eines der höchsten Wirtschaftswachstums und einen der größten Wohlstands weltweit (Meredith 1988). Die vollständige Ablehnung eines komplexen, fortschrittlichen, leistungsstarken, immens nützlichen und in vielerlei Hinsicht bewundernswerten Systems - im Grunde des gesamten Kanons westlicher Werte und Errungenschaften - lässt nichts Brauchbares übrig, worauf man aufbauen könnte. Es ist vergleichbar mit einem Teenager, der wahllos gegen eine im Grunde vernünftige und vorteilhafte Situation rebelliert. Es droht, die lokale Gesellschaft um Jahrhunderte zurückzuwerfen.

Eine weitere Ironie der Situation besteht darin, dass die einheimische afrikanische Intelligenzija, indem sie sich von der intellektuellen Elite des globalen Nordens abspalten will, das eigentliche globale Problem - das sich in dieser Region deutlich manifestiert - offenbar ignoriert. Dieses Problem ist die Überbevölkerung. Tatsächlich, „humans are a threat to humanity“ (van Niekerk 2008). Was sind die wahren Schwächen des globalen Nordens? Das Versagen, das Bevölkerungswachstum zu kontrollieren, obwohl es technisch möglich war. Das Problem ließe sich zumindest benennen, und Sterilisationsdienste könnten angeboten werden, wie in Indien in den 1950er- und 1960er-Jahren (Kapitel 1).

Wie bereits erwähnt, ging die europäische Kolonialisierung mit einer Verlängerung der Lebenserwartung einher, was ein Indikator für Wohlstand ist. Man kann die „Kolonisierung“ durchaus als Schwäche anführen, sollte aber auch die Vorteile anerkennen, die sie mit sich brachte. Die Autoren gehören zu der Minderheit, die der Ansicht sind, dass dem Globalen Norden zu Recht vorgeworfen werden kann, die politische Kontrolle aufgegeben und die ehemaligen Kolonien unvorbereitet auf eine Demokratie zurückgelassen zu haben. Es war in der Tat so, als würde man einem zehnjährigen Kind einen Hausschlüssel, ein Bankkonto und eine Flinte geben, wie Herbert Morrison bemerkte. Liberale, linksorientierte Akademiker und Idealisten im vordemokratischen Südafrika wurden von den neuen Realitäten enttäuscht und desillusioniert. Auch Realisten waren enttäuscht, doch ein begründeter Zweifel am angeborenen Wohlwollen und Fähigkeiten aller Beteiligten bewahrte sie vor größeren Überraschungen.

Die südafrikanische Geschichte ist von globaler Bedeutung. Das Land kann als Mikrokosmos globaler Probleme betrachtet werden, die weltweit auf unterschiedliche Weise manifestieren. Keine Lösung kann auf Dauer funktionieren, solange die Bevölkerung nicht reduziert wird. Es scheint unausweichlich, dass die Weltbevölkerung im Laufe dieses Jahrhunderts sinken wird. Eine Katastrophe scheint immer wahrscheinlicher zu werden. Afrika gehört zu den Konfliktfeldern. Die Eule der Minerva hat ihre Flügel noch nicht ausgebreitet. Der globale Moloch rollt unaufhaltsam weiter und führt zu einem unaufhaltsamen Anstieg von Streit, Krieg und Leid. Die Rückkehr der Natur wird wie ein Hauch frischer Luft sein.

Die Überbevölkerung äußert sich nicht nur darin, dass zu viele Menschen ernährt werden müssen - es geht auch nicht nur um die Lösung des Energieproblems. Wir brauchen Veränderungen in den Einstellungen und politischen Strategien, wenn wir moralisch und praktisch etwas erreichen wollen, bevor die Natur die Oberhand gewinnt und unsere heutigen Schwierigkeiten wie ein entspanntes Picknick erscheinen lässt. Effektive Lösungen erfordern die Überarbeitung einiger Stereotype und die Anwendung neuer Prinzipien, nämlich dass keine Bevölkerungsgruppe auf nationaler oder internationaler Ebene Vorteile durch schnelleres Wachstum erlangen darf, selbst wenn diese Einschränkung dem Prinzip der numerischen Demokratie widerspricht. Vereintes Europa soll im Interesse der Afrikaner und Europäer wieder in Afrika präsent sein. Erwartungsgemäß explodiert die Afrikas Bevölkerung und drängt nach Europa (Abb. 2-1). Auch hier gilt es gemeinsame europäische Antworten zu finden (Grosch 2022).

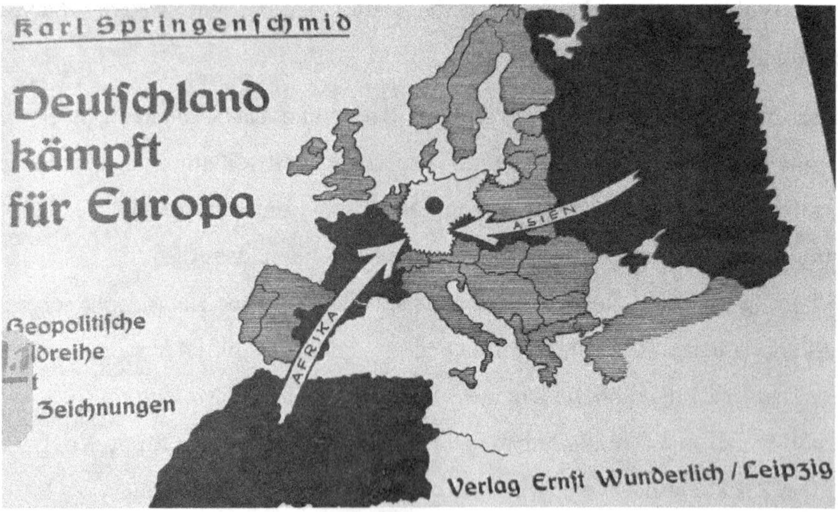

Abb. 2-1. Die Titelseite der 2. Aflage von Springenschmid (1937).

Literatur

Atim LM, Kaggwa MM, Mamum MA, et al. Factors associated with elder abuse and neglect in rural Uganda: A cross-sectional study of community older adults attending an outpatient clinic. PLoS One. 2023;18:e0280826.

Baritwa MS, Joho AA. Intimate partner violence influences modern family planning use among married women in Tanzania: cross-sectional study. BMC Public Health. 2024;24(1):421.

Barrett CB, Upton JB. Food security and sociopolitical stability in Sub-Saharan Africa. In: Barrett CB, ed. Food security and sociopolitical stability. Oxford University Press; 2013; 323-356.

Bengesai AV, Chikhungu L. Violence against women and girls in Zimbabwe. Trauma Violence Abuse. 2025;26:769-88.

Bjornlund V, Bjornlund H, van Rooyen A. Why food insecurity persists in sub-Saharan Africa: A review of existing evidence. Food Secur. 2022;14(4):845-864.

Boyce SC, Uysal J, DeLong SM, et al. Women's and girls' experiences of reproductive coercion and opportunities for intervention in family planning clinics in Nairobi, Kenya: a qualitative study. Reprod Health. 2020;17:96.

Cluver L, Makangila G, Hillis S, et al. Protecting Africa's children from extreme risk: a runway of sustainability for PEPFAR programmes. Lancet. 2025;405:1700-12.

Coombes R. Climate Change. Population: the forgotten priority. BMJ. 2009;339:b3750.

DeLong SM, Brooks MI, Aliou S, et al. Married very young adolescent girls in Niger at greatest risk of lifetime male partner reproductive coercion and sexual violence. PLoS One. 2020;15:e0231392.

Dempers JJ, Burger EH, Toit-Prinsloo LD, Verster J. Chapter 17. A South African Perspective. In: Duncan JR, Byard RW, eds. SIDS Sudden Infant and Early Childhood Death: The Past, the Present and the Future. University of Adelaide Press; 2018.

Dozier JL, Zimmerman LA, Yirgu R, et al. Prevalence and correlates of reproductive coercion in the months before pregnancy: cross-sectional findings from pregnant women in Ethiopia. Reprod Health. 2025;22:227.

Gedfew M, Getie A, Akalu TY, Ayenew T. Prevalence and types of elder abuse in Sub Saharan Africa, systematic review and meta-analysis, 2023. J Natl Med Assoc. 2024;116(3):292-301.

Grosch M. Geopolitische Machtspiele: wie China, Russland und die USA sich in Stellung bringen und Europa immer stärker ins Abseits gerät. Reinbek: Lau Verlag; 2022

Hoosen P, Adams S, Tiliouine H, Savahl S. Youth and adolescents' perceptions of violence in post-apartheid South Africa: A Systematic Review of the Literature. Child Indic Res. 2022;15:885-911.

Jargin S, Robertson S. International Conflicts and Overpopulation. Eliva Press; 2025.

Mahon J, van Baak C, Hayes BE. Reproductive coercion, intimate partner violence, and health outcomes among married women in Cote D'Ivoire. Violence Against Women. 2025:10778012251329365.

Meinck F, Cluver LD, Boyes ME, Mhlongo EL. Risk and protective factors for physical and sexual abuse of children and adolescents in Africa: a review and implications for practice. Trauma Violence Abuse. 2015;16:81-107.

Meredith M. In the name of apartheid: South Africa in the postwar period. New York: Harper Row; 1988.

Nyssen J, Haile M, Naudts J, et al. Desertification? Northern Ethiopia re-photographed after 140 years. Sci Total Environ. 2009;407:2749-55.

O'Dempsey TJ, Munslow B. Globalisation, complex humanitarian emergencies and health. Ann Trop Med Parasitol. 2006;100(5-6):501-15.

Owolade JA, Abdullateef RO, Adesola RO, Olaloye ED. Malnutrition: An underlying health condition faced in sub Saharan Africa: Challenges and recommendations. Ann Med Surg (Lond). 2022;82:104769.

Phillips A. The enigma of colonialism British policy in West Africa. Indiana University Press; 1989.

Piolanti A, Schmid IE, Fiderer FJ, et al. Global Prevalence of Sexual Violence Against Children: A Systematic Review and Meta-Analysis. JAMA Pediatr. 2025;179:264-72.

Pitche P. Abus sexuels d'enfants et infections sexuellement transmissibles en Afrique sub-saharienne Med Trop (Mars). 2005;65(6):570-4.

Posel D. The scandal of manhood: 'Baby rape' and the politicization of sexual violence in post-apartheid South Africa. Cult Health Sex. 2005;7(3):239-52.

Rhoodie NJ. Apartheid and racial partnership in Southern Africa. Pretoria: Academica; 1969.

Sessay A, Olosola OK, Omotosho M. Africa and South-South Cooperation: Opportunities and Challenges. In: Dargin J, ed. The Rise of the Global South. Singapore: World Scientific; 2013; 95-123.

Shaka Y. Child sexual violence in South Africa. Journal of Social Science. 2020;17(6):136-55.

Smith K, Bryant-Davis T, Tillman S, Marks A. Stifled voices: barriers to help-seeking behavior for South African childhood sexual assault survivors. J Child Sex Abus. 2010;19:255-74.

Springenschmid K. Deutschland kämpft für Europa: geopolitische Bildreihe. Leipzig: Verlag Ernst Wunderlich; 1937.

Steyn M, Brits D, Botha D, Holland S. Violence against children: A review of cases at a forensic anthropology unit, Johannesburg, South Africa. J Forensic Leg Med. 2024;101:102623.

Tomar S, Baker H, Amani H, et al. Attitudes towards the timing of first birth and gender-based violence in rural Niger: Are adolescent wives with attitudes different from their husbands and peers at a higher risk of intimate partner violence and reproductive coercion? PLoS One. 2025;20:e0333677.

van Niekerk JP de V. Humans - a threat to humanity. S Afr Med J. 2008;98(3):163.

Wood SN, Thomas HL, Guiella G, et al. Prevalence and correlates of reproductive coercion across ten sites: commonalities and divergence. Reprod Health. 2023;20:22.

Kapitel 3. Psychische Auffälligkeiten bei Politikern und Ideologen

Jargin S

Psychiatrische Störungen sind unter Politikern nicht selten (Owen 2016; Ghaemi 2011). Psychopathologische Erkenntnisse können helfen, ihre suboptimalen Entscheidungen zu verstehen. In einigen Fällen hat das Bedürfnis, die Öffentlichkeit zu warnen, einen Vorrang vor der Schweigepflicht (Gartner et al. 2018). Mehrere sowjetische Lieder wiesen psychische und/oder neurologische Anomalitäten auf (Förstl 2020). Ist eine Führungskraft psychotisch oder neurotisch, während andere Funktionen weitgehend intakt sind, kann sie ihre Machtposition bewahren. Ungünstige Folgen können eintreten, wenn paranoide Vorstellungen bei einem Diktator neben Rationalität und Effizienz fortbestehen, sodass wahnhafte Ideen realisiert werden. Insbesondere ist Kindesmisshandlung mit psychotischen Symptomen, Paranoia sowie Angstzuständen und Wut im späteren Leben verbunden (Chaiyachati et al. 2021; Kaufman und Torbey 2019; Grindey und Bradshaw 2022; Melegkovits et al. 2025). Ein Kind, das in einer dysfunktionalen Familie aufwächst, hat Schwierigkeiten, das Chaos und den Wahnsinn um sich herum zu erkennen (Wilson 1990). Solche Personen neigen dazu, nicht ausreichend Selbstkontrolle zu haben, um Extreme zu vermeiden (Fossum 1986).

Wladimir Putin

In Wladimir Putins Biografien wird Misshandlung beschrieben. Sein Vater hat ihn angeblich körperlich gezüchtigt (Baker et al. 2005; Ihanus 2022; Ressler 2017; Myers 2015; Tismaneanu 2016). Mutmaßlich wiederholte sich Putins frühkindliche Erfahrung in der Schule, wo er gemobbt wurde. Sein Ausspruch „Wenn ein Kampf unvermeidlich [empfunden] wird, muss man zuerst schlagen" könnte auf Erinnerungen an Mobbing zurückzuführen sein. Es wird vermutet, dass Putin seine Kindheitsverletzungen im Kontext einer generationsübergreifenden Traumakette erneut durchlebt (Ihanus 2014, 2022). Offenbar ist es weniger die russische Bevölkerung, die äußere Bedrohungen wahrnimmt, als vielmehr ihr Anführer, bei dem seine jugendlichen Probleme wiederauftauchen.

Außerdem gibt es eine Hypothese, dass Putin unter Hybris leidet, was ihn dazu verleitet, unreife Bewältigungsstrategien anzuwenden (Liapis et al. 2021). Das Hybris-Syndrom (HS) wurde von David Owen beschrieben (Owen 2008); seither wurde diese Störung bei verschiedenen Politikern vermutet. HS beschreibt Personen mit übermäßigem Selbstvertrauen und Stolz. Menschen mit diesem Persönlichkeitstyp neigen dazu, unreife Bewältigungsstrategien anzuwenden, was zu einer Unterschätzung von Krisen führen kann (Liapis 2021). Das übermäßige Selbstvertrauen kann die Zusammenarbeit mit internationalen Organisationen behindern und die Fähigkeit, aus Erfahrung zu lernen, einschränken (Lincoln 2020). In einigen Aspekten ähnelt HS narzisstischen, antisozialen und histrionischen Störungen (Jakovljevic 2011). Verschiedene Konditionen können einem Kontinuum um HS angehören: Aufmerksamkeitsdefizit-Hyperaktivitätsstörung (ADHS) im Erwachsenenalter, Hypomanie und paranoide Zustände (Ghaemi et al. 2016; Robins und Post 1997).

Vermeintliche psychische Auffälligkeiten bei Wladimir Putin sind bereits diskutiert worden (Jargin 2025a,b). Basierend auf Videos wurde die Vermutung geäußert, dass er an einer Autismus-Spektrum-Störung (ASS) leidet. Insbesondere wurde das Asperger-Syndrom, eine Form der ASS ohne intellektuelle Beeinträchtigung oder signifikante Kommunikationsstörungen, für möglich gehalten (Connors 2008). Tatsächlich ist eine gewisse Steifheit bzw. Mangel an Expressivität bemerklich, was subjektiv ein Praecoxgefühl hervorrufen kann. Nach Ansicht des Autors ist diese Hypothese zwar plausibel, aber unzureichend belegt. Angesichts der hohen Diagnosehäufigkeit von ASS und der Möglichkeit einer Überdiagnose müssen Schlussfolgerungen auf einer gründlichen Untersuchung beruhen. Autistische Züge können auf körperliche Misshandlung und andere Umweltfaktoren in der Kindheit zurückzuführen sein (Friedmann und Thau 1987; Jargin 2024).

Putin formulierte die Ziele seines Ukraine-Einmarsches, darunter den Schutz russischsprachiger Bevölkerung vor Völkermord (genocide). Es ist bekannt, dass ethnische Russen in der Ukraine keinem Völkermord zum Opfer fielen. Diese Behauptung ist entweder unverantwortlich oder wahnhaft. Der Unterschied zwischen Wahnvorstellungen und fest verankerten Ideen liegt im Grad der Überzeugung trotz widersprüchlicher Beweise, ungeachtet jeglicher Logik. Andrei Sneschnevskij und andere sowjetische Psychiater konnten anhand solcher Symptome eine schleichende (sluggish) Schizophrenie diagnostizieren. Ein anderer ehemaliger sowjetischer Psychiater, Anatoli Smulevich, klassifiziert Paranoia im Rahmen der Schizophrenie (Smulevich 2019). Der letzte Genozid an ethnischen Russen seit Stalins Zeiten war übrigens die Anti-Alkohol-Kampagne (1985-1989) mit dem Massenkonsum von technischem Ethanol und Surrogaten, sowie die nachfolgenden Ereignisse: die Verschlechterung des Gesundheitswesens und Verkauf toxischer Surrogate in Wodkaflaschen über legale Geschäfte. Die durchschnittliche Lebenserwartung von Männern sank bis auf 58-59 Jahre. Es kam zu Massenvergiftungen durch legal verkaufte Getränke (Nemtsov 2011).

Schwerwiegende Folgen können eintreten, wenn paranoide oder wahnhafte Ideen bei einem ansonsten rationalen und effizienten Politiker koexistieren. Abnormes Bedeutungszuschreiben; Deutung des Verhaltens anderer als feindselig, u.U. auch Fanatismus (sog. Kampfparanoia) gehören zu Eigenschaften einer paranoiden Persönlichkeit. Ein Wahnsystem kann mit der Klarheit und Ordnung im Denken gleichzeitig vorhanden sein (Battegay 1992; Friedmann und Thau 1987). Zu den Verhaltensweisen von Paranoikern gehören die Annahme von Privilegien und die Ausnutzung von Schwächen, was bei einigen Politikern zu beobachten ist (Lemert 1967). Darüber hinaus neigen paranoide Herrscher dazu, abnorme Personen zu fördern und sich auf deren Meinungen zu stützen, was die Wahrnehmung der Realität verzerren kann (Zoja 2023). Ein Beispiel hierfür ist der Ideologe Alexander Dugin, der „Putins Gehirn“ genannt wurde (Rutland 2016). Einige Analytiker bezeichneten ihn als möglicherweise „mentalen Patienten“ (Benedetti 2004). Einige Zitate aus

Dugins Veröffentlichungen sind vorher analysiert worden (Jargin 2025b) (S. auch unten).

Da Regierungen in Demokratien transparenter sind, ist es weniger wahrscheinlich, dass die Macht in die Hände psychisch abnormer Personen gerät. Paranoide Leader können in Gesellschaften ohne angemessene Kontrollmechanismen an der Macht bleiben (Lavik 2002). Paranoiker sind oft egozentrisch, arrogant und gleichzeitig verletzlich. Der Glaube, dass andere Schaden anrichten wollen, führt zu Aggression. Ihre Ziele können wahnhaft sein, wie es mit der „Entnazifizierung" der Ukraine der Fall zu sein scheint. Bemerkenswert ist die Virulenz solcher Ideen: Paranoiker pflegen Details aufzuzählen, um andere Leute zu überzeugen (Battegay 1992). Menschen, die einem Wahnsystem angehören, bestärken sich gegenseitig in ihrem Glauben (Wing und Agrawal 2003). Auch psychisch gesunde Leute können für psychotische Appelle anfällig sein (Abb. 3-1); eine prädisponierende Bedingung ist die Fremdenangst und die Projektion von Hass. In der ehemaligen Sowjetunion war Paranoia sowohl bei den Machthabern als auch in der Bevölkerung erkennbar (Soloway und Bogatikova 2015). Paranoide Politiker suchen nach neuen Feinden und schüren alte Feindseligkeiten (Sundag et al. 2018); das beobachten wir auch heute. Unwissenheit über andere Länder, unterdrückte Scham und Neid tragen zur Feindseligkeit bei.

Abb. 3-1. Eine Kundgebung nahe vom Kreml forderte Luftangriffe auf Washington D.C. Der Autor vermerkte, dass es dort Museen und Bibliotheken gibt. Danach wurde New York besprochen. Elemente eines Massenwahns sind erkennbar.

Paranoide Politiker können aus der Überzeugung heraus, dass präventives Handeln notwendig sei, eine Krise auslösen. Verhandlungen und Diplomatie werden von solchen Führern entweder zur Bestätigung eines militärischen Status quo oder als Täuschungsmanöver genutzt (Post 2005). Ein weiteres Merkmal ist die übermäßige Verwendung historischer Analogien, z.B. des Zweiten Weltkriegs. Dies beobachten wir heute in Russland. Was die Hybris betrifft, ist die Differenzialdiagnose schwierig, da Betroffene in der Regel nicht bei Untersuchungen mitwirken. Im Gegenteil neigen Politiker dazu, psychische Störungen zu verbergen (Owen 2006). Hybristische Führungskräfte missachten den Rat anderer und treffen rücksichtslose strategische Entscheidungen (Selten 2023). Herrschende Klassen mit Führungserfahrung weisen wahrscheinlich ein geringeres Risiko für Hybris auf als unbekannte Personen, die von der Bürokratie befördert werden.

Psychische Störungen bei Politikern sind gefährlich und müssen von Psychiatern anhand von Sprachkorpora, Zeichnungen (Abb. 3-2,3) und Verhalten diagnostiziert werden. Sprachkorpus ist eine große Textsammlung, die analysiert werden und zu unerwarteten Erkenntnissen führen kann (Garrard 2016). Studien zu den Veröffentlichungen Wladimir Putins sind allerdings nur bedingt aussagekräftig, da sie wahrscheinlich von seinen Assistenten verfasst werden. Weitere Expertenmeinungen sind gefragt.

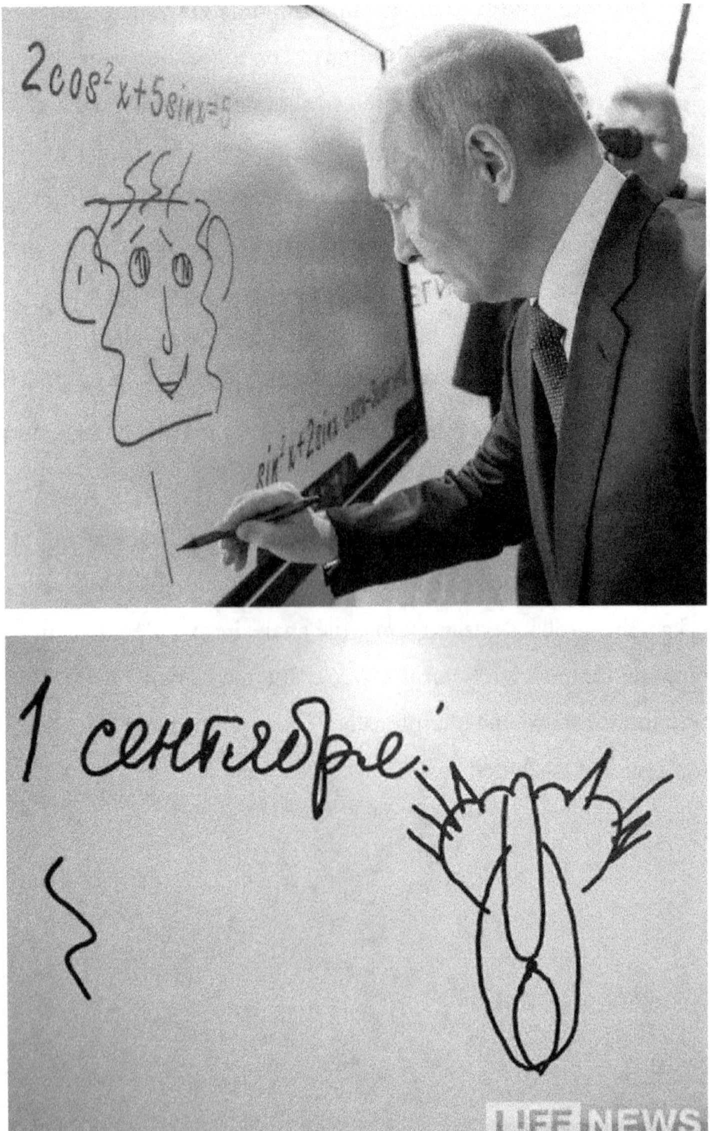

Abb. 3-2a,b. Zeichnungen von Wladimir Putin: Laut dem Experten für Graphologie offenbaren die Zeichnungen einen paranoiden und depressiven Leader (Cleave und Pedler 2023). a - Anscheinend spiegelt das flache, entstellte Gesicht mit dem jugendlichen Lächeln die Haltung gegenüber „Papiersoldaten" wider. b - Das Bild zeigt eine ähnliche Haltung gegenüber Katzen und, allegorisch, gegenüber Frauen, die reproduktivem Zwang ausgesetzt werden (Jargin 2022).

Abb. 3-3a,b. Zeichnungen von schizophrenen Patienten. Typische Merkmale sind flache, entstellte Gesichter mit betonten Augen. Tiere werden oft von hinten dargestellt (Agarkov et al. 2015; Boldyreva 1974; Vachnadze 1975).

Aleksander Dugin

Paranoide Herrscher neigen dazu, psychisch auffällige Personen zu fördern und sich auf deren Meinungen zu stützen (Zoja 2023). Ein Beispiel dafür ist der Ideologe Alexander Dugin, der Russlands Westexpansion predigt und dabei oft religiöse und mystische Begriffe verwendet. Hier folgen einige Zitate aus seinen Werken (wörtliche Übersetzungen): „Amerika zu schließen ist unsere heilige Pflicht" (Dugin 2005); „Das Verbot von Kriegspropaganda ist pharisäisch. Man kann dem Krieg nicht entkommen und sollte es auch nicht versuchen (Dugin 2004)"; „Nur ein Verräter würde sich heute Frieden wünschen" (Dugin 2023); „Wir müssen den Alptraum namens politische Korrektheit, Liberalismus und Menschenrechte vergessen. Wir müssen diesen schrecklichen Unsinn vergessen" (Dugin 2007). Seine Schriften zeugen von Größen- und Verfolgungswahn, zum Beispiel: „Wenn wir verlieren, werden wir die ganze Welt in die Luft jagen" und „Amerikaner rufen Ablehnung, Abscheu und den Wunsch hervor, sich vor ihrem Einfluss zu verstecken" (Dugin 2015). Dugins wahnhafte oder überbewertete Ideen beinhalten eine westliche Verschwörung zur Untergrabung Russlands und den ewigen Kampf zwischen Land und Meer, wobei letzteres wahrscheinlich eine Erinnerung an George Orwells Roman „1984" ist, in dem das Wort „Sieg" häufig verwendet wird (Abb. 3-4). Weitere Zitate: „Der Wille von jedem Volk ist heilig. Aber der Wille des russischen Volkes ist hundertmal heiliger" (Dugin 1994); „Damit Frieden ohne Krieg möglich wäre, ist der Krieg erst notwendig. Wir machen den Krieg. Er entspringt unserem Herzen. Wir gebären den Krieg. Durch den Krieg erschaffen wir die Welt, unsere russische Mir" (Dugin 2015). Angesichts der obigen und anderer Äußerungen Dugins hielten ihn einige Analytiker für psychisch krank (Benedetti 2004). Alexander Dugin wurde in die Familie eines sowjetischen Generaloberststs geboren (Boyko und Senchin 2007). Die ehemaligen Partei- und Militärfunktionäre (die sogenannte Nomenklatura) beförderten ihre Kinder mitunter ungeachtet deren Fähigkeiten und Gesundheitszustands (Voslensky 1994). Zugegebenermaßen enthalten einige neuere

Schriften Dugins plausible Schlussfolgerungen. In seiner Kritik an der Globalisierung stellte er fest, dass diese für einen Großteil der nationalen Bürokratie einen Statusverlust bedeuten würde (Dugin 2024). Dies scheint das Hauptmotiv der heutzutage in der russischen Bürokratie vorherrschenden globalisierungskritischen Ideologie zu sein.

Abb. 3-4. Das Siegesdenkmal im Siegespark in Moskau kann als Verkörperung von George Orwells „1984" gesehen werden. Der horizontal hängende Engel ist mit Nike kombiniert.

Ramsan Kadyrov

Manche Menschen, die in ihrer Kindheit misshandelt wurden, reagieren mit Kampf-oder-Flucht-Reaktionen (Ihanus 2014). Zu solchem Abwehrverhalten gehören Angriffe auf Schwächere und Unterwerfung unter dominante Personen. Dies lässt sich an Wladimir Putins Beziehung zu Ramsan Kadyrow, dem Leader der Tschetschenischen Republik, veranschaulichen, der als dominante Persönlichkeit empfunden wird. In Russland existiert ein Stereotyp der „Tschetschenphobie" (Khlebnikov 2003). Bemerkenswert ist, dass der Nordkaukasus regelmäßig Federalzuwendungen erhält: 70-88 % der lokalen Haushalte (Tavbulatova et al. 2021). Darüber hinaus wurden im Kaukasus die Bundesmittel in großem Umfang veruntreut (Litvinov und Zhuravel 2018). Kadyrow behauptete, dass Tschetschenen in der Ukraine an einem Dschihad gegen die „westliche satanistische Ideologie" teilnehmen (Sauer 2023). Einige nichteuropäische Subjekte der Russischen Föderation (RF) sind offensichtlich an einer Fortsetzung des Ukraine-Krieges interessiert, und es gibt Bedenken, dass Putin unter ihren Einfluss geraten ist. Das wichtigste Thema in diesem Zusammenhang ist der interethnische Unterschied in Geburtenrate und Migration (Jargin und Robertson 2025). Laut Wikipedia hat Kadyrow mehr als zwei Ehefrauen und zwölf Kinder. Sein Sohn Adam wurde befördert und ausgezeichnet, nachdem er einen Gefängnisinsassen öffentlich geschlagen hatte. Adams Aufenthalt im Gefängnis war illegal, wurde aber von den Behörden organisiert. Anschließend traf Wladimir Putin Adam persönlich. Vitaly Kaloyev wurde zum stellvertretenden Minister befördert, nachdem er einen vorsätzlichen Mord begangen hatte. 2015 wurde eine Petition an die Regierung gerichtet, um Kaloyev aus seinem Amt zu entfernen; diese ist im Artikel von Jargin (2016) als Abbildung wiedergegeben worden. Offenbar ist Wladimir Putin bereit, mit nicht-russischen Akteuren zu kollaborieren und die Macht zu teilen, nur um die Privilegien der Nomenklatura zu wahren. Der Ukraine-Krieg dient dabei als Ablenkungsmanöver. Krisen werden von Oligarchien genutzt, um von internen Problemen abzulenken.

Dmitri Medvedev

Hier folgen einige Zitate. Persönliche Angriffe und Drohungen, die von Medwedew verwendet wurden und aus den Medien bekannt sind, werden hier nicht wiedergegeben oder in den Zitaten durch Punkte ersetzt (…): „Unsere Waffe ist die Wahrheit. Deshalb ist unsere Sache gerecht.“; „Unsere Hauptaufgabe ist es, allen Feinden - den Ukrainern, den Vereinigten Staaten, (…) der NATO einschließlich (…) Polen und anderen westlichen (…) - eine vernichtende Niederlage beizubringen.“; „Großbritannien, unser ewiger Feind“ (Wikiquote). Nach Ansicht des Verfassers sind die Äußerungen Medwedews mit Hybris-Syndrom vereinbar. Dieses Syndrom beinhaltet eine Selbstüberschätzung und übertriebenen Stolz. Der Alkoholmissbrauch verstärkt die Merkmale der Hybris (Russell 2011). Nemesis, die mitunter im Zusammenhang mit Hybris diskutiert wird, bezeichnet die Zerstörung, die auf Hybris folgen kann (Owen 2006). Die Unhöflichkeit behindert die internationale Zusammenarbeit unter anderem in den Bereichen Wissenschaft, Gesundheitswesen und Umweltschutz.

Jacob Zuma und Analogien zu Afrika

Es liegen nicht genügend Informationen vor, um ggf. eine Diagnose zu stellen. Es wurde vermutet, dass Zuma eine narzisstische Persönlichkeitsstörung aufweist (Editorial 2019; Hogg 2018). Berichten zufolge hat sein mangelndes Risikobewusstsein und fehlende Verantwortung weitreichende Folgen. Er gab zu, ungeschützten Geschlechtsverkehr mit einer HIV-positiven Frau gehabt zu haben, und bemerkte, er habe danach geduscht, um das Ansteckungsrisiko zu minimieren. Im Vergewaltigungsprozess argumentierte Zuma, seine Anklägerin habe ihn durch das Tragen „freizügiger Kleidung“ verführt. Dies ist anscheinend in Zusammenhang mit übertriebenen Männlichkeitsvorstellungen geschehen (Gumede et al. 2022). Der Staatspräsident hat öffentlich das Lied „Dubula iBhunu“ mit Mordaufrufen vorgesungen. In ähnlicher Weise wird in Russland, insbesondere in Tschetschenien, übermäßige Männlichkeit propagandistisch verbreitet, angeführt vom „hypermaskulinen" Ramsan Kadyrow (Scicchitano 2021).

Liberale Demokratietheorien setzen voraus, dass alle ethnischen und konfessionellen Gruppen moralische Prinzipien achten. Multikulturalisten gehen von einer sicheren Welt oder einer „grass-roots reconciliation" aus (Evaldsson 2007). Die Erfahrungen der Sowjetunion, der postsowjetischen Staaten und einiger anderen Gesellschaften zeigen aber, dass Multikulturalismus zur Sicherheit nicht führt. Der Bruderkrieg in Ukraine und Russland lässt sich mit dem ersten und zweiten Kongokrieg vergleichen. Länder, die erst kürzlich einen Konflikt überstanden haben, sind von einem weiteren Krieg bedroht (Staines 2004). Es ist zu erwarten, dass im Süden oder Osten der RF eine neue „Spezielle Militäroperation" folgen wird.

Der Krieg in der Ukraine und RF hat den international vereinbarten Status quo untergraben und bewaffnete Konflikte in verschiedenen Teilen der Welt ausgelöst. Man sollte nicht vergessen, dass die Sowjets mehrere Regierungen in südlichem Afrika destabilisierten, indem sie ihre Gegner unterstützten und bewaffneten. Angesichts der interethnischen Unterschiede bei Geburtenraten und Migrationen steht Russland eine ähnliche Zukunft bevor. Die Rückkehr des tatarisch-mongolischen Jochs (1237-1480) nach Russland wäre eine logische Konsequenz, die angesichts der demografischen und wirtschaftlichen Entwicklungen durchaus realistisch erscheint.

Um die Analogie zu Subsahara-Afrika (SSA), insbesondere zum Kongo und Ruanda, fortzuführen, könnte man sich folgendes erinnern. In kollektivistischen Gesellschaften, wie den afrikanischen und russischen, bildet sich leicht ein Feindbild oder eine Vorstellung vom „wichtigen Anderen" (Tronvoll 2005) heraus. Das begünstigt Revolutionen und Kriege. Wie wir sehen, hat sich das Bild der Ukrainer von brüderlich zu feindlich gewandelt. In diesem Zusammenhang ist das afrikanische Ethikkonzept von Ubuntu analog zum Kollektivismus, welcher in der Sowjetunion propagiert wurde. Während eines Krieges demonstrieren viele Menschen Loyalität und argumentieren für den Krieg (Tronvoll 2005). Dissidenten werden als außerhalb des nationalen Interesses stehend betrachtet und gefährdet (Alexander und McGregor

2005). Eine weitere Gemeinsamkeit zwischen Russland und SSA ist der weit verbreitete Kindesmisshandlung und die familiäre Gewalt (Kapitel 2).

Literatur

Agarkov ST, Samokhvalov VP, Kuznetsov VE. Psihiatria i iskusstvo (Psychiatry and art). Moscow: VIDAR; 2015.

Alexander J, McGregor JA. Hunger, violence and the moral economy of war in Zimbabwe. Vigdis Broch-Due V. Violence and belonging: Analytical reflections. In: Vigdis Broch-Due V, ed. Violence and belonging: the quest for identity in post-colonial Africa. New York: Routledge. 2005; 75-90.

Baker P, Glasser S. Kremlin rising. Vladimir Putin's Russia and the End of Revolution. Washington DC: Potomac Books; 2005.

Battegay R. Handwörterbuch der Psychiatrie. Stuttgart: Enke; 1992.

Benedetti C. Chi comanda a Mosca: tutti gli uomini della vecchia e nuova nomenklatura da Abramovic a Putin. Roma: Datanews; 2004.

Boldyreva SA. Risunki detei doshkolnogovozrasta, bolnyh shizofreniei (Drawings ofpreschool children with schizophrenia). Moscow: Meditsina; 1974.

Boyko M, Senchin R. Doctor Dugin. Literaturnaya Rossia, Issue 15, April 13, 2007.

Chaiyachati BH, Gur RE. Effect of child abuse and neglect on schizophrenia and other psychotic disorders. Pharmacol Biochem Behav 2021;206:173195.

Cleave I, Pedler TK. Paranoid Putin. Hidden clues in Putin's bizarre doodle show how tyrant is cracking up under the pressure of Wagner coup, says expert. The Sun, June 30, 2023.

Connors B. A technical report on the nature of movement pattering, the brain and decision making. Pentagon Office of Net Assessment, Office of the Secretary of the Navy; 2008.

Dugin A. Konservativnaya revolyutsiya (Conservative revolution). Moscow: Arktogeya; 1994.

Dugin A. Filosofiia voiny (Philosophy of war). Moscow: Yauza; 2004.

Dugin A. Konspirologiya (Conspirology). Moscow: Eurasia; 2005.

Dugin A. Geopolitika postmoderna (Postmodern geopolitics). St. Petersburg: Amphora; 2007.

Dugin A. Russkaya voyna (Russian war). Moscow: Algorithm; 2015.

Dugin A. Putin kak velikij pravitel' i "posle-Putin" (Putin as a great ruler and "after-Putin"). Zavtra 12 April 2023. Available from: https://zavtra.ru/blogs/putin_kak_velikij_pravitel_i_posle-putin

Dugin AG. Geopolitika (Geopolitics). Moscow: Akademicheskii proekt; 2024.

Editorial. The unbearable narcissism of Jacob Zuma. Financial Mail, 2019, July 17.

Evaldsson A.-K. Grass-roots reconciliation in South Africa. Dissertation. Göteborg University; 2007.

Förstl H. Aging heads of state: the politics of dementia and geriatric cognitive disorders. Dement Geriatr Cogn Disord 2020;49:121-8.

Fossum MA, Mason MJ. Facing shame: families in recovery. London: W.W. Norton Co.; 1986.

Friedmann A, Thau K, Hrsg. Leitfaden der Psychiatrie. Wien: Maudrich; 1987.

Garrard P. On the Linguistics of Power (and the Power of Linguistics). In: Garrard P, Robinson G, editors. The Intoxication of Power. London: Palgrave Macmillan; 2016. pp. 135-154.

Gartner J, Langford A, O'Brien A. It is ethical to diagnose a public figure one has not personally examined. Br J Psychiatry 2018;213:633-7.

Ghaemi SN. A first-rate madness: uncovering the links between leadership and mental illness. New York: Penguin Press; 2011.

Ghaemi SN, Liapis C, Owen D. The Psychopathology of Power. In: Garrard P, Robinson G, editors. The Intoxication of Power. London: Palgrave Macmillan; 2016. pp. 17-38.

Grindey A, Bradshaw T. Do different adverse childhood experiences lead to specific symptoms of psychosis in adulthood? A systematic review of the current literature. Int J Ment Health Nurs 2022;31:868-87.

Gumede, N, Durden, E, Govender, E. Presidential communication approaches and the impact on public health. African Journal of AIDS Research. 2022; 21: 143-151.

Hogg A. Why Jacob Zuma believes he's blameless - it's a mental condition. BizNews. 2018, February 15.

Ihanus J. Putin's macho pose: on masculinity and psychopolitics. J Psychohist 2014;42:110-29.

Ihanus J. Putin: Ukraine, and fratricide. Clio's Psyche 2022;28:300-11.

Jakovljevic M. Hubris syndrome and a new perspective on political psychiatry: need to protect pro-social behaviour, public benefit and safety of our civilization. Psychiatr Danub 2011;23:136-8.

Jargin SV. Nuclear facilities and nuclear weapons as a guarantee of peace. Journal of Defense Management. 2016; 6: 146.

Jargin SV. Malingering, sexual and reproductive coercion: Military aspects. Medp Case Rep Clin Image 2022;1:mpcrci-202207001.

Jargin SV. Psychopathological consequences of child abuse: Letter from Russia. Int J Soc Psychiatry 2024;70(4):828-9.

Jargin SV. Mental disorder in Vladimir Putin: Hypothesis. Psychiatr Danub 2025a;37(3):364-9.

Jargin SV. Mental disorders in leaders and ideologists: An update. J Psychiatry Psychiatr Disord 2025b;3:027.

Jargin S, Robertson S. Medical social and environmental aspects of overpopulation. J Environ Stud. 2025; 11(1): 7.

Kaufman J, Torbey S. Child maltreatment and psychosis. Neurobiol Dis 2019;131:104378.

Khlebnikov P. Razgovor s varvarom (Conversation with a barbarian). Moscow: Detective-Press. 2003.

Lavik NJ. Paranoide personlighetsforstyrrelser og politisk makt. Tidsskr Nor Lægeforen 2002;121:2063-8.

Lemert EM. Paranoia and the dynamics of exclusion. In: Scheff TJ, editor. Mental illness and social processes. New York: Harper and Row; 1967. pp. 271-293.

Liapis C, Alevizopoulos G. Leadership in Covid-19 era: From hubris to political post-traumatic stress. Journal of Psychiatry and Behavioural Science 2021;4:1053.

Lincoln M. Study the role of hubris in nations' COVID-19 response. Nature. 2020;585(7825):325.

Litvinov ND, Zhuravel VP. North Caucasus as a territory of deformation of the Russian statehood (based on the materials of the Caucasian agencies) Juridical Science: History and Modernity. 2018; (9): 47-68.

Melegkovits EA, Tang R, Pounds O, et al. The experience and role of dissociation in psychosis following developmental trauma: A systematic review. Clin Psychol Rev 2025;117:102564.

Myers SL. The New Tsar: The Rise and Reign of Vladimir Putin. London: Simon & Schuster; 2015.

Nemtsov A. A contemporary history of alcohol in Russia. Huddinge: Södertörns Högsk; 2011.

Owen D. Hubris and Nemesis in heads of government. J R Soc Med 2006;99:548-51.

Owen D. Hubris syndrome. Clin Med (Lond) 2008;8:428-32.

Owen D. In sickness and in power. Illness in heads of government, military and business leaders since 1900. Slingsby: Methuen & Co; 2016.

Post JM. Assessing leaders at a distance: the political personality profile. In: Post JM, editor. The psychological assessment of political leaders: with profiles of Saddam Hussein and Bill Clinton. University of Michigan Press; 2005. pp. 69-104.

Ressler N. Putin po Freud'u. Tainoe i yavnoe (Putin according to Freud: hidden and obvious). Moscow: Algorithm; 2017.

Robins RS, Post JM. Political Paranoia: the Psychopolitics of Hatred. New Haven: Yale University Press; 1997.

Russell G. Psychiatry and politicians: The "hubris syndrome". The Psychiatrist. 2011; 35: 140-145.

Rutland P. Geopolitics and the roots of Putin's foreign policy. Russian History 2016;43:425-36.

Sauer N. Chechnya's boss and Putin's foot soldier: How Ramzan Kadyrov became such a feared figure in Russia. The Conversation. 2023, November 9. https://theconversation.com/chechnyas-boss-and-putins-foot-soldier-how-ramzan-kadyrov-became-such-a-feared-figure-in-russia-216418

Scicchitano, D. The "real" Chechen man: Conceptions of religion, nature, and gender and the persecution of sexual minorities. Journal of Homosexuality. 2021; 68(9): 1545-1562.

Selten J-P. Consider the hubris syndrome for inclusion in our classification systems. Psychol Med 2023;53:5889-91.

Smulevich AB. Maloprogredientnaia shizofrenia i pogranichnye sostoianiia (Slow-progressive schizophrenia and borderline conditions). 4th edition. Moscow: MEDpressinform; 2019.

Soloway VA, Bogatikova JV. Paranoia Kommunizma (Paranoia of communism). Moscow: NeftiGaz; 2015.

Staines N. Economic performance over conflict cycle. In: Clément JAP, ed. Post-conflict economics in Sub-Saharan Africa: lessons from the Democratic Republic of the Congo. Washington: International Monetary Fund. 2004; 129-176.

Sundag J, Ascone L, Lincoln TM. The predictive value of early maladaptive schemas in paranoid responses to social stress. Clin Psychol Psychother 2018;25(1):65-75.

Tavbulatova ZK, Sugarova IV, Abieva MM. Sovershenstvovani esistemy formirovania budzhetnoi sistemy dotacionnyh regionov (Improving the system for forming the budget system of subsidized regions). Grozny: Chechen University. 2021.

Tismaneanu V. The new tsar: the rise and reign of Vladimir Putin by Steven Lee Myers. Int Aff 2016;92(3):743-5.

Tronvoll K. Ambiguous identities. The notion of war and 'significant others' among the Tigreans of Ethiopia. In: Vigdis Broch-Due V, ed. Violence and belonging: the quest for identity in post-colonial Africa. New York: Routledge. 2005; 236-252.

Vachnadze EA. Risunki detei bolnyhshizofreniei i epilepsiei (Drawings by schisophrenic and epileptic children). Tbilisi: Mecniereba; 1975.

Voslensky MS. Nomenklatura: the Soviet ruling class. Garden City, NY: Knopf Doubleday. 1984.

Wilson SD. Released from shame: recovery for adult children of dysfunctional families. Downers Groove: InterVarsity Press; 1990.

Wing JK, Agrawal N. Concepts and classification of Schizophrenia. In: Hirsch SR, Weinberger DR, editors. Schizophrenia. Malden (Mass): Blackwell 2003. pp. 3-13.

Zoja L. Paranoia. La follia che fa la storia. Bollati Boringhieri; 2011. Russian translation. Moscow: Angelina Sarmatovna; 2023.

Kapitel 4. Der Krieg in Ukraine und in Russland

Jargin S, Bludau H-B

Der offizielle Grund für die im Februar 2022 entfesselte „Militärische Spezialoperation“ (SMO) waren Maßnahmen seitens der Ukraine gegen Separatisten im Donbass (Donezbecken) seit 2014. Offenbar wurden diese Aktivitäten von russischen Beamten und Medien übertrieben (S. unten). Die Bekämpfung von Separatismus innerhalb nationaler Grenzen kann gerechtfertigt sein, wobei die russischen Aktionen im Kaukasus (1994-2009) als Beispiel dafür dienen. Die Ukraine stimmte im 1991 Referendum mit rund 83 % für die Unabhängigkeit. Die Zustimmungswerte variierten zwischen 95 % im Westen des Landes, 76,5 % in der Region Donezk und 54 % auf der Krim (Sneider 1993). Die Grenzen der Ukraine von 1991 wurden von allen Staaten, einschließlich der Russischen Föderation (RF), anerkannt, die sich aufgrund der Dreierabkommen (mit Beteiligung der Vereinigten Staaten) vom 14. Januar 1994 und der Budapester Erklärung vom 5. Dezember 1994 zur Garantie dieser Grenzen verpflichtete. Am 31. Mai 1997 wurde der Vertrag über Zusammenarbeit und Partnerschaft zwischen Russland und der Ukraine unterzeichnet, der alle Grenzen anerkannte. Die Staatsduma billigte den Vertrag im Dezember 1998 und der Föderationsrat im Februar 1999 (Trenin 2001). Die Vereinten Nationen bezeichneten die SMO als Verletzung der territorialen Integrität und Souveränität, die gegen UN-Charta verstößt. Der Krieg in der Ukraine und in Russland hat den international vereinbarten Status quo untergraben und eine Reihe von Konflikten in verschiedenen Teilen der Welt ausgelöst. Das russische Militär gewinnt an Glaubwürdigkeit und Finanzierung, indem es vermeintliche Bedrohungen aus dem Westen ausnutzt (Buwalda et al. 2003).

In Russland werden derzeit von Regierungsvertretern und Medien immer wieder Vorwürfe gegen die ehemaligen Machthaber Michail Gorbatschow und Boris Jelzin erhoben, sie seien für die Ukraine-Krise und den Zerfall der Sowjetunion verantwortlich. Das ist ziemlich grundlos, da beide von einer absoluten Mehrheit der Bevölkerung gewählt wurden und derselben herrschenden Klasse angehörten. Die Politik änderte sich nach den jeweils vorherrschenden Interessen: Privatisierung des Staatseigentums, Aneignung ausländischer Technologien und Imperialismus - eine nach der anderen. Das sind bloß Fakten; moralische Wertungen werden hier vermieden.

Zugegebenermaßen ist die Mehrheit der Bevölkerung in der Süd- und Ostukraine russischsprachig; einige Einwohner waren enttäuscht, dass ihre Region nicht Teil der RF wurde. Die Ukraine in ihren heutigen Grenzen ist von den Bolschewiki unter Missachtung ethnischer und sprachlicher Gegebenheiten geschaffen worden. Statistiken zur ethnischen Zusammensetzung können irreführend sein, da sich manche Einwohner aus praktischen Gründen als Ukrainer registrierten, weiterhin aber die russische Identität und Loyalität pflegten. Berichten zufolge bezeichneten sich 1997 ungefähr 25,5 % der ukrainischen Staatsbürger als sowohl ukrainisch als auch russisch. Rund ein Drittel der Bevölkerung befürwortete die Wiedervereinigung beider Länder (Molchanov 2002). Zahlreiche Russland-Sympathisanten beteiligen sich vermutlich an der Veruntreuung von Auslandshilfe.

Die 2022 Referenden in den besetzten Gebieten wurden mit Skepsis aufgenommen, da die Bewohner für den Anschluss an die RF stimmten, um persönliche Probleme zu vermeiden. Der sowjetisch geprägte Kollektivismus beeinflusste Wahlen und Meinungsumfragen. Fast alle wählten die Regierungspartei in der ehemaligen SU. Einige russischsprachige Gebiete könnten Teil der RF werden, wenn die Bevölkerung dies wirklich wünscht. Eine tragfähige Lösung muss durch Verhandlungen gefunden werden.

Der Konflikt in Ukraine wurde nicht objektiv dargestellt. Basierend auf verfügbaren Informationen und eigenen Beobachtungen gehen die Autoren davon aus, dass die Kriegshandlungen, die Schäden und die Opferzahlen überschätzt wurden. Der Autor beobachtete weder 2014 und 2022 im Raum Donezk noch im Oktober 2025 in Belgorod und Schebekino beschädigte Gebäude oder Straßen. Einwohner von

Schebekino berichten, dass einige Gebäude beschädigt, aber schnell repariert wurden (Abb. 4-1). Aussagen wie „Einwohner der Stadt beschrieben sie als durch schweren Beschuss zerstört" (Wikipedia, Schebekino, abgerufen am 15. Dezember 2025) entsprechen nicht der Realität. Ein weiteres Beispiel: „Unsere Stadt (Schebekino) wird täglich beschossen. Tag und Nacht ertönt Raketenalarm. Angriffe auf die Stadt, ob mit konventioneller oder verbotener Streumunition, prasseln wie Erbsen herab" (Pichugina 2024). Nach den Beobachtungen des Autors waren die Zerstörungen in den Gebieten Donbas und Shebekino unvergleichlich weniger ausgeprägt als in Abchasien, Tschetschenien, Beirut, Kroatien (1993) und Bagdad (2003), wo Brände und Verfall hauptsächlich durch lokale Plünderer und nicht durch militärische Aktionen verursacht wurden (Jargin 2009).

Abb. 4-1. Ein durch Artilleriebeschuss beschädigtes Privathaus wird repariert (Shebekino, Litvinovoi Straße 41, 3. Oktober 2025)

Es bestand die Tendenz, militärische Aktivitäten und deren Folgen auch in anderen Konflikten im postsowjetischen Raum zu überschätzen. Überzogene Gefahren und Bestechung an Grenzübergängen unter Beteiligung vom Militärpersonal wirkten sich negativ auf Tourismus, Handel und somit auf internationale Verständigung aus (Jargin 2016). In Subsahara-Afrika war es oft einfacher, Grenzen zu überqueren als in der ehemaligen Sowjetunion.

Baufällige Gebäude wurden häufig bombardiert, wie beispielsweise in den 1990er Jahren im Nordkaukasus, nachdem die Bewohner gewarnt wurden und die Häuser verliessen. Inzwischen wurden Städte und Dörfer neu aufgebaut; einige Gebäude aus Sowjetzeiten wurden durch moderne Neubauten ersetzt. Der Dienst in personell überbesetzten Milizen sowohl im Donbas als auch im Kaukasus diente als Mittel gegen die Arbeitslosigkeit, die im Kaukasus auf Überbevölkerung und im Donbas auf die Schließung von Kohlebergwerken zurückzuführen ist. Konflikte haben die Menschen von internen Problemen abgelenkt. Alle Teilnehmer (tatsächliche wie fiktive) des aktuellen Konflikts erlangen den Status von Veteranen und dadurch Privilegien gegenüber ihren Mitbürgern. Einige von ihnen werden ohne entsprechende Auswahl und Ausbildung die Führungspositionen bekleiden.

Die Sorge um Kriegsveteranen steht heutzutage im Fokus. Sie genießen Vorteile im Gesundheitswesen und im Alltag. Es bestehen jedoch Bedenken, dass der Veteranenstatus einigen Personen aus privilegierten Kreisen ohne die Teilnahme an Kriegshandlungen verliehen wurde. Viele Veteranen des Zweiten Weltkriegs wurden in den Jahren 1990-2005 faktisch misshandelt, als die durchschnittliche Lebenserwartung, insbesondere bei Männern, gesunken hatte; 1993 war sie auf 58-59 Jahre gefallen (Davydov et al. 2007; Ryan 1995). Die Gesundheitsversorgung verschlechterte sich um diese Zeit. Es ist bekannt, dass einige Militärveteranen Alkohol konsumieren. Während der Anti-Alkohol-Kampagne (1985-1989) mussten sie stundenlang vor Alkoholverkaufstellen anstehen oder Surrogate trinken. Preiswerte Bierlokale waren überfüllt, und die Besucher mussten oft stehen. Langes Stehen ist für ältere Menschen, insbesondere nach der Arbeit, eine unzumutbare Belastung. Ihre europäischen Pendants sitzen in Bierlokalen und konsumieren Produkte von höherer Qualität als jene, die in Russland erhältlich sind. Seit den 1990er Jahren werden minderwertige, giftige Flüssigkeiten in Wodkaflaschen in legalen Geschäften verkauft, in der Regel mit Wissen der Behörden. Es kam zu Massenvergiftungen mit tödlichem Ausgang (Jargin und Robertson 2025). Die Qualität des verkauften Alkohols hat sich seitdem verbessert; dennoch riechen einige legal verkaufte Getränke nach wie vor nach technischem Ethanol.

Der Konflikt in der Ukraine und Russland hat Umweltpolitiken in Europa und weltweit behindert. Umweltschutz und Energieeinsparung genießen in Russland weniger Popularität als in anderen Industrienationen. Der Krieg selbst schädigt die Umwelt. Der Konflikt zwischen großen Agrarländern beeinträchtigt die globale Nahrungsmittelversorgung. Die Geburtenkontrolle wurde durch vermeintliche nationale Interessen verschleiert: Das Bevölkerungswachstum wurde zur Stärkung der Souveränität und der Verteidigung genutzt. Das Militär benötigt junge Menschen. Pronatalistische Politiken sind angesichts der globalen Überbevölkerung kontraproduktiv. Das Bevölkerungswachstum trägt in vielen Regionen zu Nahrungsmittel- und Energieknappheit bei. Steigende Lebensmittelpreise werden einige Nationen durch die Umwandlung von Wäldern in Ackerland kompensieren. Die landwirtschaftliche Produktion steigt teilweise durch die Übernutzung und Verschmutzung von Wasserressourcen, die Grundwasserabsenkung und die Abholzung von Wäldern.

In der Vergangenheit wurde Überbevölkerung durch Kriege, Seuchen und Hungersnöte bekämpft. Heute können wissenschaftlich fundierte und humane Methoden zur Bevölkerungsregulierung eingesetzt werden. Im Zuge der Globalisierung könnte eine in den Industrieländern basierende Behörde der Überbevölkerung und Umweltschäden entgegenwirken. Zu den Vorteilen der Globalisierung zählen das ökologische Management, die Steuerung der Weltwirtschaft und die Kontrolle von Kriegen (Giddens 2002; Ross 2002). Ein global koordinierter Arbeitslosenschutz würde Migrationen eindämmen und Menschen dabei helfen, sich beruflich weiterzuentwickeln um neuen Anforderungen gerecht zu werden (Ghislieri et al. 2018). Es erscheint unausweichlich, dass die Weltbevölkerung im Laufe dieses Jahrhunderts zurückgehen wird. Wie dies geschieht, liegt zum Teil in unserer Hand. Dieser Zustand wird jedoch nicht ewig anhalten (Kapitel 1).

Die Aushöhlung der Globalisierung ist ein weiterer Sargnagel für Demokratie und Menschenrechte. Dies ist nicht zwangsläufig negativ: In unserem Zeitalter der

Überbevölkerung und Massenmigration ist mehr Ordnung notwendig. Die vereinte Menschheit könnte große Projekte realisieren, um die Lebensqualität weltweit zu verbessern: Bewässerungssysteme, Kernenergie und andere Quellen als Alternative zu fossilen Brennstoffen. Kernkraft kann zur Wasserentsalzung in Trockengebieten eingesetzt werden; sie ist aufgrund des steigenden globalen Energiebedarfs und der schwindenden Reserven an fossilen Brennstoffen wieder auf der Tagesordnung. Kernkraftwerke verursachen im Vergleich zu Kohle, Öl oder Erdgas nahezu keine Luftverschmutzung (Markandya und Wilkinson 2007). Hoffentlich wird die Kernspaltung in Zukunft durch die Kernfusion ersetzt, die prinzipiell sicherer ist. Die Fusion sollte eine Quelle sauberer Energieerzeugung mit reichlich vorhandenen Rohstoffvorräten bieten (Duffy 2010). Für den Bau von Kernkraftwerken an optimal geeigneten Standorten sind dauerhafter Frieden und internationale Zusammenarbeit unerlässlich. Leider sind solche globalen Projekte derzeit kaum realisierbar.

Der Tschernobyl-Unfall wurde instrumentalisiert, um die weltweite Entwicklung der Kernenergie zu bremsen (Jaworowski 2010) und damit die Preise für fossile Brennstoffe hochzuhalten. Fahrlässigkeit und Missachtung schriftlicher Anweisungen zählten zu den Unfallursachen (Beliaev 2006; Semenov 1995). Die Sicherheitssysteme des Reaktors in Chernobyl wurden absichtlich deaktiviert (Medvedev 1991; Smith und Beresford 2005). Ähnlich dem Tschernobyl haben die Kriegsschäden und die Stilllegung des Kernkraftwerks Saporoschje (des größten in Europa) die Nachfrage nach fossilen Brennstoffen erhöht. Das stärkste Argument gegen Kernkraftwerke ist, dass sie potenzielle Kriegsziele darstellen. Offenbar war die Aufrechterhaltung hoher Preise für fossile Brennstoffe eines der Motive für die Entfesselung und Fortsetzung des Krieges in der Ukraine und Russland.

Die Trennung Russlands von Europa begann 1917 und setzte sich seither fort (Laruelle 2004). Die Machthaber, die sogenannte Nomenklatura (Voslensky 1984), verbündet mit dem Militär, lehnten eine Koexistenz mit dem Westen in einem gemeinsamen Rechtsraum ab. Eine Machtverschiebung in Europa nach Osten würde bestimmte Folgen haben: einen autokratischen Führungsstil, Missachtung von

Gesetzen und Verordnungen, Korruption und Kollektivismus. Die Qualität vieler Dienstleistungen und Produkte würde sinken: verdorbene Lebensmittel im Handel, gefälschtes Bier und Wein (Jargin 2025), falsche Preisschilder in Geschäften, falsche Zitate aus Gesetzbüchern durch Beamte in ihrer Korrespondenz, Rückdatierung offizieller Schreiben sowie verschiedene Formen von Fehlverhalten im Gesundheitswesen und in der medizinischen Forschung.

Die Einschüchterungspolitik mit Übertreibung der Gefahren durch Kriminalität ist seit Jahrzehnten erkennbar. Die Medien propagieren kriminelles Verhalten und billigen unter anderem die Gewalt und Lynchjustiz in Gefängnissen. In einer populären Fernsehserie wiederholt der Moderator Leonid Kanevsky die Äußerungen wie z.B.: „Er hat seine Haftstrafe nicht überlebt … Gefängnisinsassen mögen solche Leute nicht." Adam, einer der Söhne des tschetschenischen Machthabers Ramsan Kadyrow, wurde befördert und ausgezeichnet, nachdem er einen Gefängnisinsassen öffentlich verprügelt hatte (Trevelyan 2023). Adams Gefängnisaufenthalt war illegal, wurde aber von den Behörden arrangiert. Anschließend traf Wladimir Putin Adam persönlich. Witaly Kaloyev wurde zum stellvertretenden Minister befördert, obwohl er einen vorsätzlichen Mord begangen hatte. Im Jahr 2015 wurde bei der Regierung eine Petition zur Entlassung Kalojews eingereicht, die im Artikel (Jargin 2016) abgebildet ist. 2017 unterzeichnete Wladimir Putin ein neues Gesetz zur Entkriminalisierung bestimmter Formen häuslicher Gewalt. Drohungen, Gewalt und Mobbing am Arbeitsplatz und im Wohnbereich wurden eingesetzt, um bestimmte Fachkräfte und Studierende einzuschüchtern und von Kritik abzuhalten (Jargin 2020). Viele Menschen in der RF leben unter der vermeintlichen oder tatsächlichen Bedrohung durch Übergriffe und Körperverletzung.

Unter den Bedingungen des sowjetisch geprägten Kollektivismus wählte fast jeder die Regierungspartei. Dies ist psychologisch erklärbar; doch die einstimmige Wahlbeteiligung macht die gesamte Bevölkerung für politische Entscheidungen verantwortlich. Homogenität des Denkens ist ein Indikator für Konformismus, der Diktaturen begünstigt (Marazziti 2022). Dmitri Trenin (2006) verallgemeinerte über den Nationalcharakter: Vergötterung von Autoritäten, geringe Wertschätzung des menschlichen Lebens und der Persönlichkeit, Missachtung von Gesetzen, Privateigentum und Bildung, Hass und Neid auf Amerika. Neidische Menschen beschuldigen diejenigen, die ihnen Scham- und Neidgefühle einjagen (Kilborne 2019). Manche Funktionäre sind Nachkommen des ländlichen Proletariats, das 1917 Herrenhäuser niederbrannte und allerlei Gewaltverbrechen verübte; Neid war eines der Motive. Die Bolschewiki schürten Neid, der leicht in Hass umschlägt (Orlov 2005). Einige psychologische Mechanismen der Paranoia sind mit der Scham verbunden. Wenn Paranoiker ihre Scham nicht ertragen können, projizieren sie diese auf andere und distanzieren sich dadurch. Intensive Scham erhöht die Anfälligkeit für Paranoia und deren Zusammenhang mit Stress (Sundag et al. 2018). Verdrängte Scham kann Aggressionen auslösen (Elison et al. 2014). Es gibt in Russland durchaus Gründe zur Scham, wie die vergleichsweise niedrige Lebenserwartung zeigt, die hauptsächlich auf die unzureichende Gesundheitsversorgung zurückzuführen ist (Jargin 2026).

Der autokratische Führungsstil unterdrückt Kritik. Im Gesundheitswesen äußert er sich unter anderem durch einen paternalistischen Umgang mit Patienten und Mobbing von Kollegen, die objektive Kritik ausüben. Unter paternalistischen Bedingungen gelten Fehlinformationen von Patienten, Missachtung des Prinzips der informierten Einwilligung und Zwangsbehandlungen als zulässig. Folgendes wurde berichtet: übermäßige Anwendung von Gastrektomien bei Magengeschwüren, von Thoraxoperationen bei Tuberkulose, Asthma bronchiale und anderen Atemwegserkrankungen sowie übermäßige und zwangsweise Behandlungen von Alkoholikern. Millionen von Frauen in der ehemaligen Sowjetunion unterzogen sich einer Halsted- oder Patey-Mastektomie mit Entfernung der Brustmuskel ohne evidenzbasierte Indikationen und faktisch ohne informierte Einwilligung. Endozervikale Ektopien (in Russland Erosionen genannt) wurden routinemäßig ohne zytologische Untersuchungen kauterisiert; Pap-Abstriche zur Früherkennung von Gebärmutterhalskrebs waren selten und nicht nach internationalen Standards, sodass Gebärmutterhalskrebs relativ spät diagnostiziert wurde; Details und Literaturverweise sind in der Monographie by Jargin (2024). Abschließend seien noch die Hindernisse beim Import von Medikamenten und medizinischer Ausrüstung erwähnt. Inländische Produkte werden mitunter trotz fragwürdiger Qualität und möglicher Fälschungen gefördert.

Bestimmte nicht-russische Akteure sind offenbar an einer Fortsetzung des Ukrainekriegs interessiert, und es bestehen Bedenken, dass Wladimir Putin unter ihren Einfluss geraten ist. Analog dazu kann nicht ausgeschlossen werden, dass einige amerikanische Politiken von Zionisten beeinflusst werden. Israel ist seit dem Zweiten Weltkrieg der größte Empfänger von US-amerikanischer Entwicklungshilfe (Sharp 2023). Seit 1948 haben die Vereinigten Staaten dem Israel 300 Milliarden Dollar gegeben; zurzeit sind es 3,8 Milliarden jährlich (Editorial 2025). Importeure zahlen weiterhin für das Öl aus dem Nahen Osten, welches aus enteigneten Konzessionen von Standard Oil, Texaco bzw. Aramco (Arabisch-Amerikanische Ölgesellschaft) kommt. Infolge der Palästinakonflikte erlangten die Regierungen des Nahen Ostens bis 1976 die Kontrolle über die fossilen Brennstoffe, was vom drastischen Anstieg der Ölpreise gefolgt wurde. Dies war vorhersehbar und offenar ein verstecktes Motiv der arabisch-israelischen Kriege. Gleichzeitig wurde der ganzen Region massive Entwicklungshilfe gewährt. Weitere Details finden sich in Kapitel 1.

In der Zwischenzeit führen Wladimir Putin und Xi Jinping die Politik Stalins und Maos fort. Beide erkennen an, dass die Aneignung von Know-how ein Mittel ihres Fortschritts ist. In Bezug auf China wurde dieser Prozess „anti-Western westernization“ genannt (Daniels 1984). Dies betrifft unter anderem das Gesundheitswesen und die medizinische Forschung (Jargin 2025). Berichten zufolge sind über 80 % der in China zur Unterstützung der Zulassung neuer Medikamente eingereichten Daten gefälscht (Woodhead 2016). Für Russland liegen keine vergleichbaren Zahlen vor; es ist aber bekannt, dass wissenschaftliches Fehlverhalten in diesem Land verbreitet ist (Jargin 2020). Dank frei zugänglicher Internetressourcen wie PubMed konnte sich die Situation verbessern. Es wird einige Zeit dauern, bis die

Nachteile des wiederauflebenden Maoismus (Brown 2019) und des Totalitarismus erneut zutage treten. Der Krieg in Europa entspricht Chinas Interessen, wie es im Laufe des gesamten 20. Jahrhundert war. Es scheint, als sei Putin bereit, mit Menschen nichtrussischer Abstammung bzw. Staatsbürgerschaft zu kooperieren und die Macht zu teilen, nur um die Privilegien der Nomenklatura zu wahren; der Ukraine-Krieg dient derweil als Ablenkungsmanöver. Krisen werden von Oligarchien genutzt, um von internen Problemen abzulenken. Tatsächlich agiert Putin in der Ukraine und auf internationaler Ebene im Interesse außereuropäischer Akteure. Kriege innerhalb Europas zeugen von Tapferkeit der Soldaten und Verantwortungslosigkeit einiger Führungskräfte. Die Gewinner solcher Kriege sind diejenigen, die sich außerhalb der Konflikte aufhalten.

Die agressive Haltung gegenüber dem Westen wird anhand der „jahrhundertelangen westlichen Feindseligkeiten gegen Russland“ rechtfertigt (Borshchevskaya 2020). Das tatarisch-mongolische Joch (1237-1480), die wohl wirksamste „Feindseligkeit gegen Russland“, wird dabei nicht erwähnt, obwohl es angesichts der demografischen und wirtschaftlichen Entwicklungen eine reale Perspektive darstellt. Der Krieg in der Ukraine ist der erste Schritt hin zu einer multipolaren Weltordnung und somit zu einem Chaos.

Schlussfolgerung

Russische Machthaber werden heutzutage oft der Aggression beschuldigt. Dabei können sie Wegbereiter einer neuen historischen Ära sein. Sollte die Welt tatsächlich multipolar werden, könnten bewaffnete Konflikte unterschiedlichen Ausmaßes zum Dauerzustand werden. In gewisser Weise käme dies einer Rückkehr ins 20. Jahrhundert oder gar in noch frühere Zeiten gleich. Eine konstruktive Alternative wäre eine globale Führung, konzentriert in den am weitesten entwickelten Teilen der Welt, basierend auf Humanismus und moderner Wissenschaft. Russlands Rolle wäre die einer regionalen Supermacht. Große Projekte könnten von der vereinten Menschheit anstelle von Kriegen und Militärausgaben realisiert werden.

Bürgerliche Freiheiten und Menschenrechte werden weltweit aufgegeben, wenn unsere Zukunft von Konflikten geprägt wird. Diese Entwicklung scheint unausweichlich, sofern nicht neue moralische Prinzipien akzeptiert werden: Keine Bevölkerungsgruppe, weder ethnische noch konfessionelle Minderheit, darf aufgrund zahlenmäßigen Wachstums Vorteile erlangen. Angesichts der globalen Überbevölkerung sollten die Leute mit vielen Kindern logischerweise in eingeschränkteren Verhältnissen leben. Die sozialen Folgen des Ungleichgewichts der Geschlechter müssen von den Bevölkerungsgruppen getragen werden, in denen geschlechtsselektive Abtreibungen praktiziert werden. Die Akzeptanz dieser Prinzipien könnte die Grundlage für internationale Verständigung und Vertrauen schaffen. Die globalisierte Menschheit könnte große Projekte verwirklichen, was eine sinnvolle Alternative zu übermäßigen Militärausgaben wäre. Dafür bedarf es nicht nur dauerhaften Friedens, sondern auch gegenseitigen Vertrauens. Die Ukraine sollte ein Prüfstein für internationales Vertrauen und Zusammenarbeit werden.

Die Welt zehrt noch immer vom moralischen Kapital, welches das Christentum investiert hat. Wird es aufgebraucht, droht uns der Verfall in eine moralische Verwirrung (Holloway 2004). Der Humanismus verdankt der christlichen Ethik viel. Außerhalb der Religion ist es schwer nachzuvollziehen, wie die Unterscheidung zwischen Richtig und Falsch ein Motiv für richtiges Handeln sein kann (Mitchell 1980). Weit verbreitet ist die Ansicht, dass Moralvorstellungen keine beachtenswerten materialistischen Grundlagen besitzen (Oakeshott 1993). Sollte sich die Macht in Europa nach Osten verlagern, ginge dies mit dem Verlust einiger moralischer Werte einher. Die nuklearen Drohungen und Dschihad-Ausrufe (Light 2022; Stewart 2022) haben sich vor dem Hintergrund des sowjetischen Atheismus entstanden, während religiöses Vokabular für politische Zwecke missbraucht wird. Es ist anzunehmen, dass einige Kirchenbeamten, die den Krieg in der Ukraine befürworteten, Atheisten sind, die nach politischen Vorgaben handeln. Bestimmte nicht-russische Akteure könnten an einer Fortsetzung des Krieges interessiert sein, und es bestehen Befürchtungen, dass Wladimir Putin unter ihren Einfluss geraten ist (Kapitel 3). Eine vorzuziehende Alternative wäre eine Führung, die sich auf entwickelten Teilen der Welt basierte mit dem Ziel, so viel wie möglich menschliches Lebens zu erhalten.

Literatur

Beliaev IA (2006) Chernobyl Vahta smerti (Death shift). Moscow: IzdAT.

Borshchevskaya A (2020) The role of the military in Russian politics and foreign policy over the past 20 years. Orbis 64: 434-6.

Brown K (2019) CEO, China: the rise of Xi Jinping. New York: I.B. Tauris.

Buwalda P, Trenin D, Goodby JE (2003) A Strategy for Stable Peace. Toward a Euroatlantic Security Community. Washington, DC: US Institute of Peace. Russian Edition. Moscow: Mezhdunarodnye otnoshenia.

Daniels RV (1984) A documentary history of communism. University Press of New England.

Davydov MI, Zaridze DG, Lazarev AF, Maksimovich DM, Igitov VI, et al (2007) Analysis of mortality in Russian population. Vestn Ross Akad Med Nauk (7): 17-27.

Duffy DM (2010) Fusion power: A challenge for materials science. Philosophical Transactions of the Royal Society A: Mathematical, Physical and Engineering Sciences 368: 3315-28.

Editorial (2025) How Israel is losing America. The Economist. September, 20th 2025.

Elison J, Garofalo C, Velotti P (2014) Shame and aggression, Theoretical considerations. Aggression and Violent Behavior 19: 447-53.

Ghislieri C, Molino M, Cortese CG (2018) Work and organizational psychology looks at the fourth industrial revolution: how to support workers and organizations? Frontiers in Psychology 9: 2365.

Giddens A (2002) Runaway world: How globalization is reshaping our lives. London: Profile Books.

Holloway R (2004) Godless morality: keeping religion out of ethics. Edinburgh: Canongate.

Jargin SV. Nursing and Security in Iraqi hospitals: some problems can be solved without foreign help. Int J Nurs Pract. 2009;15(3):129-30.

Jargin SV (2015) Some selected solutions for Ukraine. Journal of Defense Management 5: 130.

Jargin SV (2016) Nuclear facilities and nuclear weapons as a guarantee of peace. Journal of Defense Management 6: 146.

Jargin SV (2020) Misconduct in Medical Research and Practice. New York: Nova Science Publishers.

Jargin SV (2023) The Conflict in Ukraine: Psychopathology and Social Aspects. New York: Nova Science Publishers.

Jargin SV. Fortified wines in Russia: selected social and health-related aspects. Wine Studies 2025;4:12805.

Jargin S, Robertson S (2025) Alcohol and Alcoholism in Russia. Cambridge Scholars Publishing.

Jaworowski Z (2010) Observations on the Chernobyl Disaster and LNT. Dose Response 8: 148-71.

Kilborne B (2019) Travma, styd i stradaniye (Trauma, shame and suffering). Russian translation by Starovoitov VV. Moscow: IOI.

Laruelle M (2004) L'idéologie eurasiste russe ou comment penser l'empire. Paris: L'Harmattan, 1999. Russian edition. Moscow: Natalis.

Light F (2022) Kadyrov says Russia should use low-yield nuclear weapon. Reuters. October 1, 2022.

Marazziti D (2022) Brainwashing by social media: a threat to freedom, a risk for dictatorship. Clin Neuropsychiatry 19: 277-9.

Markandya A, Wilkinson P (2007) Electricity generation and health. Lancet 370: 979-90.

Medvedev G (1991) The truth about Chernobyl. New York: Tauris.

Mitchell B (1980) Morality: religious and secular: The dilemma of the traditional conscience. Oxford: Clarendon Press.

Molchanov M (2002) Natinal identity and foreign policy orientation in Ukraine. In: Moroney JDP, Kuzio T, Molchanov M, eds. Ukrainian foreign and security policy: theoretical and comparative perspectives. London: Praege; pp. 227-62.

Oakeshott M (1993) Religion, politics and the moral life. In T. Fuller, ed. Selected writings of Michael Oakeshott. New Haven, CT: Yale University Press.

Orlov YuM (2005) Styd. Zavist (Shame. Envy). Moscow: Sliding.

Pichugina I (2024) Iz Shebekino s bol'yu. Novyy nakat NATO - VSU na Belgorodshchinu (From Shebekino, with pain. A new NATO-Ukrainian offensive in the Belgorod region). Zavtra.

Ross P (2002) A non-liberal approach to the concept of an 'international order.' In: A Moseley, R Norman, eds. Human rights and military intervention. Ashgate, Burlington: Routledge; pp. 247-65.

Ryan M (1995) Alcoholism and rising mortality in the Russian Federation. BMJ 310: 646-8.

Semenov AN (1995) Chernobyl. Desiat' let spustia: Neizbezhnost ili sluchainost? (Ten years later: inevitability or coincidence?) Moscow: Energoatomizdat.

Sharp JM (2023) U.S. Foreign Aid to Israel. Congressional Research Service.

Smith JT, Beresford NA (2005) Introduction. In: Smith J, Beresford NA, eds. Chernobyl - Catastrophe and Consequences. Chichester: Springer; pp. 1-34.

Sneider D (1993) Independent Ukraine may seal Soviet fate. The Christian Science Monitor. Chronicle of the Soviet coup, 1990-1992: A reader in Soviet politics. Madison (Wis.): Brown and Benchmark; pp. 230-1.

Stewart W (2022) Vladimir Putin's Chechen warlord Ramzan Kadyrov declares Ukraine war a 'Big Jihad'. New York Post, 26 October 2022.

Sundag J, Ascone L, Lincoln TM (2018) The predictive value of early maladaptive schemas in paranoid responses to social stress. Clin Psychol Psychother 25: 65-75.

Trenin D (2001) The end of Eurasia: Russia on the border between geopolitics and globalization. Moscow: Carnegie Center.

Trenin D (2006) Integracia i identichnost: Rossia kak 'Novyi Zapad' (Integration and identity: Russia as the 'New West'). Moscow: Carnegie Center.

Trevelyan M (2023) Chechen leader Kadyrov says he's proud of son for beating up prisoner. Reuters. September 25, 2023.

Voslensky MS (1984) Nomenklatura: the Soviet ruling class. Garden City, NY: Knopf Doubleday Publishing Group.

Woodhead M. 80% of China's clinical trial data are fraudulent, investigation finds. BMJ. 2016; 355: 5396.

Kapitel 5. Misshandlung älterer Menschen und Elternmord

Laut Weltgesundheitsorganisation (WHO) stellt Misshandlung älterer Menschen eine Verletzung des grundlegenden Menschenrechts dar (Casella et al. 2025). Die Misshandlung kann viele Formen annehmen; sie wird nicht immer erkannt und gemeldet (Bradley 1996; Heilporn et al. 2006). Viele Ärzte in Russland sind unzureichend informiert. Opfer weisen ein geringes Selbstwertgefühl auf, geben sich selbst die Schuld, wollen ihre Verletzlichkeit nicht eingestehen oder ihre Familienmitgleder „verraten" (Kleinschmidt 1997). Das Thema ist „von Schweigen, Stigmatisierung und Scham umgeben" (Hunter et al. 2010). Zu den Risikofaktoren zählen fortgechrittenes Alter, niedriges Einkommen, funktionelle Einschränkungen, Substanzmissbrauch und mangelnde soziale Unterstützung (US Preventive Services Task Force 2004). Das Risiko, durch Misshandlung zu sterben, ist bei Demenz erhöht (Dong et al. 2014).

In der Literatur wird der Elternmord mitunter als ein Verbrechen betrachtet, das vorwiegend von psychisch Kranken begangen wird (Palermo 2010) und häufig mit exzessiver Gewalt einhergeht (Bourget et al. 2007). Laut Hillbrand und Cipriano (2008) lassen sich die meisten Elternmorde in zwei Hauptkategorien einteilen. Die durch Jugendliche sind meist katastrophale Reaktionen auf anhaltende körperliche Misshandlung und werden in der Regel von einem nicht psychotischen Täter verübt. Elternmorde durch Erwachsene sind meist das Ergebnis konfliktreicher Beziehungen zwischen unbehandeltem Psychotiker und seinen Eltern. Das typische Profil eines erwachsenen Täters wird als junger, alleinstehender, arbeitsloser Mann beschrieben, der an Schizophrenie mit komorbider Alkohol- oder Drogenabhängigkeit leidet (Cornic und Olie 2006). Schizophrenie war die häufigste Diagnose bei erwachsenen Tätern (Bourget et al. 2007). Das Ziel dieses Kapitels ist darauf hinzuweisen, dass die Grenzen zwischen Misshandlung älterer Menschen mit Todesfolge, Manipulation bis hin zum Suizid, Totschlag und Mord fließend sein können. Wir haben über einige Fälle früher berichtet (Jargin 2013, 2015).

Da verlässliche Statistiken fehlen, lassen sich Verallgemeinerungen nur schwer treffen. Angesichts einiger Fälle und eines toleranten Klimas sollte betont werden, dass die Verkürzung des Lebens eines älteren Familienmitglieds die bewusste oder unbewusste Strategie sein kann. Dies kann vorsätzliche und fahrlässige Handlungen umfassen (Hoover und Polson 2014): Verwickeln in den Alkoholmissbrauch, Mangelernährung, Verweigerung der Hilfe, Manipulation hin zu selbstzerstörerischem Verhalten (Rauchen, soziale Risiken) und Anstiftung zum Suizid. Solche Fälle können schwer von Vernachlässigung und Misshandlung unterschiedbar sein. Eines der häufigsten Motive ist wirtschaftlicher Natur, insbesondere die Aneignung von Wohnungen und Häusern. Finanzielle Ausbeutung ist auch eine Form der Misshandlung älterer Menschen, wobei Personen mit Demenz einem erhöhten Risiko ausgesetzt sind (Wei und Balser 2025).

Fälle mit rein wirtschaftlicher Motivation stehen offensichtlich in keinem Zusammenhang mit dem Ödipuskomplex, der als psychodynamische Grundlage des Vatermordes beschrieben wurde (Freud 1959; Singhal und Dutta 1990). Es ist bekannt, dass ältere Alkoholiker und Menschen mit alkoholbedingter Demenz häufig Opfer von Eigentumsdelikten werden. Infolgedessen sind mehrere obdachlos geworden. Die hohe Prävalenz psychischer Erkrankungen bei Elternmördern lässt sich teilweise dadurch erklären, dass solche Fälle in psychiatrischen Einrichtungen gesucht wurden (Cravens et al. 1985); andererseits bleiben Straftaten psychisch gesunder Verbrecher offenbar häufiger unentdeckt.

Die nachfolgend beschriebenen Fälle wurden den Behörden gemeldet. Einige ehemalige Täter halfen bei der Erstellung der Fallberichte, trugen zur Aufklärung der Motive und psychologischen Hintergründe bei. Manche Fälle wurden verspätet den Behörden gemeldet, da die Anzeige illegaler und unmoralischer Handlungen in der ehemaligen SU, insbesondere solcher von Personen aus privilegierten Kreisen, unüblich war.

Fall 1

Es ist verständlich, dass ein junger Mann seine eigene Wohnung haben will; und die Mutter, die sich vom alkoholabhängigen Ehemann scheiden lässt, ist bemüht, die Wohnung für ihren Sohn zu sichern. Eine große Wohnung wurde gegen zwei kleinere getauscht, eine für die Mutter und die Großmutter und eine für den Vater (K.) und den Sohn (A.). K. war als ein guter Ingenieur bekannt, war aber alkoholabhängig. Eines Morgens ging er zur Arbeit und kam nach einer Stunde mit einer Kopfverletzung zurück, die er nicht erklären konnte. Danach wurde seine Demenz deutlich. Mit 54 Jahren war er arbeitslos und wollte in einer Werkstatt für Behinderte zu arbeiten anfangen. Sein Sohn A. war zusammen mit K. in der Wohnung registriert, lebte aber bei seiner Mutter und veranstaltete Parties in der Wohnung seines Vaters, an denen auch dieser teilnahm.

A. erzählte seinem ehemaligen Schulkamerad S., dass er immer wieder mit K. über dessen aussichtslose Lage spricht, dass Demenz sich verschlimmern würde, sein Leben habe keinen Sinn mehr; und sie hätten gemeinsam beschlossen, dass Selbstmord der beste Ausweg sei. Daraufhin lud er S. ein, mitzumachen: K. habe zugestimmt, sich das Leben zu nehmen, und sie würden ihm nur helfen, wenn nötig. Sie kamen abends, tranken etwas Wodka, und eine weitere Flasche wurde für den nächsten Morgen gelassen. Am Morgen, nachdem die Flasche leer war, wurde der Vater mit einer Schlinge um den Hals an einen Haken in der Wand geführt. Die Behörden behandelten den Fall als Selbstmord.

Die Unumkehrbarkeit der Demenz und Mitleid als Motiv wurden von den Tätern diskutiert. Es ist anzumerken, dass alkoholbedingte Demenz durch Konsumeinschränkung zumindest teilweise reversibel sein kann (Asada et al. 2010; Cheng et al. 2017). A. wies keine Psychose auf, zeigte aber Persönlichkeitsmerkmale, die der Autor als schizoid und sadistisch interpretierte: elaborierte Phantasien einschließlich Mordgedanken; in seiner Kindheit misshandelte er seine Großmutter (und deren Kater), offenbar aus ethnischen Motiven. Die Großmutter hatte einen

Juden geheiratet, was sich negativ auf das Leben des Enkels auswirken konnte. Motive der Komplize (S.) waren jugendliche Neugier und die unmittelbare Aussicht auf Alkoholkonsum, welches vom Mittäter angeboten wurde. S. beteuerte, bis zuletzt nicht geglaubt zu haben, dass etwas Ernstes geschehen würde. Nach dem Tod seines Vaters gab ihm A. ab und zu seinen Wohnungsschlüssel. Die Vorahnung dessen könnte ein Motiv gewesen sein.

Ein Grund für die Anzeige dieses Falls waren die Äußerungen von A. über seinen Schwiegervater, einen behinderten Mann, der allein in seinem Landhaus lebte: „Ich schenke ihm bei unseren Besuchen immer Wodka ein. Sein Leben hat sowieso keinen Sinn.“ In diesem Zusammenhang sei erwähnt, dass Erwachsene, die ein Elternteil getötet haben, im Gegensatz zu Jugendlichen häufiger eine höhere Anzahl an Opfern töten (Heide und Boots 2007).

Der Fall hatte noch eine weitere Facette. K. war ein Veteran des Zweiten Weltkriegs; er befand sich von 1941 bis 1944 in deutscher Gefangenschaft und diente als Hilfswilliger in der Ukraine. K. arbeitete mit Pferden als Assistent eines Militärveterinärs, dessen Namen (Joachimi) er seinen jungen Zuhörern bei Parties mehrmals nannte. K. hatte in der Schule Deutsch gelernt und sprach es bald fließend. Er erinnerte sich an seine Kameraden; einer von ihnen trug den Nachnamen Hirsch und übersetzte ihn oft ins Russische: Olen. Sie spielten Fußball mit Einheimischen and gaben hungrigen Kindern zu essen. 1944 wollte K. nach Deutschland, doch ging der Rückzug schnell, und es war kaum möglich. Er wurde von Sowjetsoldaten wieder gefangen genommen, blieb einige Zeit in Haft, wurde dann erneut zum Militärdienst eingezogen und diente bis 1948 in den neu erworbenen Gebieten: Litauen und der Westukraine (Ostgalizien). Er kehrte mit Beute nach Hause zurück. Nach der Demobilisierung studierte K. in Moskau und ist Ingenieur geworden. Er sprach oft Deutsch mit seinem Sohn, welcher die für einen Teil russischer Mittelklasse typische Haltung geerbt hatte: Die westlichen Nachbarn wurden mit Ordnung, Rechtlichkeit und Kultur assoziiert. Außerdem wissen viele, woher ein Großteil der Technologie, Wissenschaft und Medizin nach Russland kam. Dieser Fall hatte noch einen anderen

Aspekt. A. behauptete, sein Großvater mütterlicherseits habe beim Geheimdienst gedient und deutete an, er selbst habe es in gewissem Sinne vererbt (Abb. 5-1). Die Kriegsbeute des Großvaters war umfangreicher als die von K. und umfasste mehrere Möbelstücke, Porzellan und Kunstgegenstände. Es ist allerdings unklar, ob dieser Aspekt für den vorliegenden Fall relevant ist.

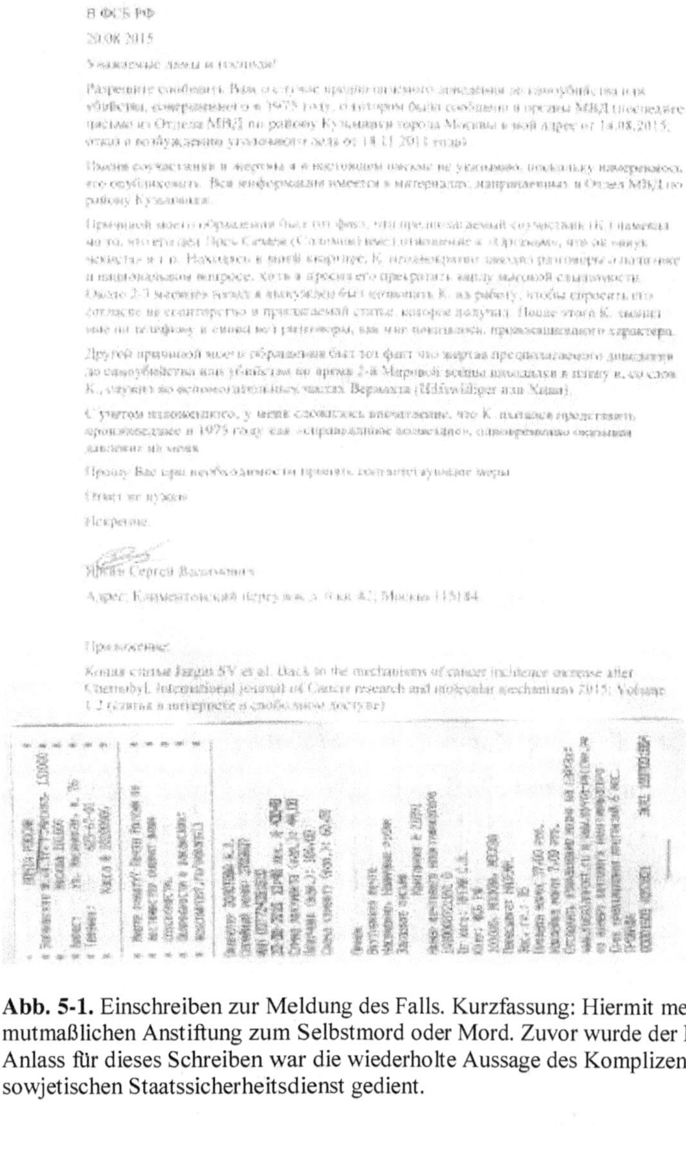

Abb. 5-1. Einschreiben zur Meldung des Falls. Kurzfassung: Hiermit melde ich den Fall der mutmaßlichen Anstiftung zum Selbstmord oder Mord. Zuvor wurde der Fall der Polizei gemeldet. Anlass für dieses Schreiben war die wiederholte Aussage des Komplizen, sein Großvater habe beim sowjetischen Staatssicherheitsdienst gedient.

Der Autor wurde nach der Beziehung zwischen Vater und Sohn gefragt. Ist dieser Fall typisch für die familiären Verhältnisse in Russland? Diese Frage sollte vorsichtig bejaht werden. Ältere Männer werden mitunter zu selbstschädigendem Verhalten verleitet, wodurch sie ihre Gesundheit vernachlässigen, mehr Alkohol konsumieren, rauchen usw. Wohnungsmangel und der Wunsch junger Menschen nach einer eigenen Wohnung können starke Motive sein. Verbrechen gegen schutzlose Bürger, darunter auch Alkoholiker, haben seit 1990 zugenommen. Immobilienmakler und mit ihnen verbundene Kriminelle übten Druck und Mobbing aus, in einigen Fällen auch Körperverletzung, und zwangen manche Menschen, ihre Wohnungen zu verlassen bzw. zu wechseln. Der Rückgang der Lebenserwartung bei Männern auf 58-59 Jahre nach 1990 infolge einer Verschlechterung des Gesundheitswesens und Massenvergiftungen durch Surrogate, die in Wodkaflaschen über legale Geschäfte verkauft wurden (Jargin 2016), kann als nationaler Vatermord bezeichnet werden. Jetzt geht es mit dem Brudermord in der Ukraine weiter.

Fall 2

Dieser Fall zeigt, was einer älteren Wohnungsbesitzerin widerfahren kann. E. arbeitete früher für eine sowjetische Handelsmission im Ausland. Den Mitarbeitern wurde die Möglichkeit geboten, Wohnungen oder Zimmer in einem Neubau in Moskau zu erwerben. E. bezahlte zwei Zimmer, und eine Kollegin, die bis zu ihrem Tod unverheiratet blieb, kaufte das dritte in derselben Wohnung. Später wurde das Gebäude enteignet, und die Eigentümer erhielten Entschädigungszahlungen in Rubel. E. hatte ihre verwaiste Nichte adoptiert; später zog die Stieftochter mit ihrer neuen Familie weg, während E. allein in ihren zwei Zimmern zurückblieb. Nach dem Tod der Nachbarin wurde das dritte Zimmer von den Behörden einer dreiköpfigen Familie zugewiesen. Ein Jahr später starb E., und die junge Familie bewohnte die gesamte Wohnung. E. war zu diesem Zeitpunkt 73 Jahre alt und hatte außer einer sich vergrößernden Hernie in der Hysterektomienarbe keine diagnostizierten schweren

Erkrankungen. Weder eine gerichtsmedizinische Untersuchung noch eine Autopsie wurden durchgeführt. Der Fall kann als zynische Handlung der Behörden betrachtet werden, die eine junge Familie in einem Zimmer der Wohnung unterbrachten, während zwei weitere Zimmer von einer älteren Person bewohnt wurden - offensichtlich in Erwartung ihres Todes. Auch die Vernachlässigung durch die Stieftochter, die E. bis zu ihrem letzten Lebenstag nicht besuchte, hat eine Rolle gespielt. Angesichts der wechselhaften Einstellung gegenüber Privateigentum in Russland war es wichtig, diesen Fall zu melden, da Nachbarn und andere Leute daraus lernen konnten, wie man sich Wohnraum aneignen kann.

Fall 3

Auf den ersten Blick wirkt dieser Fall nicht wie ein Elternmord. Eine 54-jährige Witwe lebte mit ihrem erwachsenen Sohn in einer Zweizimmerwohnung. Der Sohn behandelte seine Mutter hart, schlug sie gelegentlich, öffnete ihre Korrespondenz und verbot ihr die Benutzung eines Computers: „Du richtest nur Chaos an!" Er sagte, wenn er sich nicht um sie kümmere, würde sie Alkohol trinken und sich unmoralisch verhalten. Tatsächlich waren es offenbar körperliche und seelische Misshandlungen, die sie zu Alkoholmissbrauch und starkem Rauchen trieben; sie war abgemagert und litt an chronischer Bronchitis, die später durch eine Pneumonie verschlimmert wurde; sie stürzte häufig auf Glatteis und hatte bereits Knochenbrüche erlitten. Das soziale Umfeld reagierte nicht. Der Fall wurde den Behörden gemeldet und der Täter kontaktiert; danach verbesserten sich die Lebensbedingungen des Opfers.

Diskussion

Zur Prävention von Elternmord muss dessen Ruf als ungewöhnlich grausames Verbrechen psychisch kranker Täter abgebaut werden. Elternmord kann trivial erscheinen und wird von den Opfern und ihrem sozialen Umfeld oft kaum als solches wahrgenommen. Täter können psychisch gesund sein oder eine

Persönlichkeitsstörung aufweisen. Ärger, der im Zusammenhang mit Elternmord diskutiert wird (Palermo 2010; Malmquist 2010), kann bei Tätern fehlen, wohl aber bei Opfern, die von ihren Familienmitgliedern misshandelt werden. Fachkräfte im Gesundheits- und Sozialwesen sollten dies berücksichtigen und entsprechend auf Misshandlung und Vernachlässigung reagieren (Killick und Taylor 2009). Ältere Männer werden mitunter zu selbstverletzendem Verhalten und Konflikten manipuliert. Wohnungsnot und der Wunsch junger Menschen nach einer eigenen Wohnung können Motive sein. Nach den Wirtschaftsreformen in Russland, der Privatisierung vieler Wohnungen und deren steigenden Preisen, sind immobilienbezogene Interessen in den Vordergrund gerückt. Seit 1990 haben Verbrechen gegen ungeschützte Bürger, darunter auch Alkoholiker, zugenommen. Hoffentlich zeichnet sich eine Verbesserung ab, die mit einer Wiederherstellung der öffentlichen Ordnung einhergeht.

Elternmord und Gerontizid wurden sowohl in prähistorischer Zeit als auch in einigen traditionellen Gesellschaften praktiziert. Diese Phänomene wurden in russischen Dörfern und im Kaukasus beobachtet (Puchkov 2005). Der Umgang mit älteren Menschen in medizinischen Einrichtungen ist auch heute nicht optimal: Männer mittleren und höheren Alters, insbesondere solche mit Verdacht auf Alkoholmissbrauch, sind in staatlichen Polikliniken nicht immer willkommen. Es ist bekannt, dass chronische Erkrankungen in Russland oft unbehandelt bleiben; beispielsweise Bluthochdruck, eine der Hauptursachen vermeidbarer Sterblichkeit (Roberts et al. 2012). Im Jahr 2008 war der Unterschied in der Lebenserwartung zwischen Männern in einigen westeuropäischen Ländern und RF etwa 20 Jahre (Zatonski und Bhala 2012). Dies stellt einen strategischen Vorteil dar: weniger Rentenzahlungen und Investitionen in das öffentliche Gesundheitswesen. Die Lebenserwartung steigt; Statistiken können aber manipuliert sein (Jargin 2020). Es sollte erwähnt werden, dass Studien zu Elternmord und Misshandlung überwiegend in offenen Gesellschaften durchgeführt wurden, während in RF manche Fälle unentdeckt bleiben.

Eine übertriebene Sorge um Kriegsveteranen wird heute zur Schau gestellt. Sie genießen Vorteile im Gesundheitswesen und im Alltag; es bestehen jedoch Bedenken, dass der Veteranenstatus einigen Personen aus privilegierten Kreisen ohne Beteiligung an Kriegshandlungen zuteilwurde. Diejenigen, die - ob tatsächlich oder formell - am Ukraine-Krieg teilgenommen haben, bekleiden Führungspositionen ohne ausreichende fachliche Qualifikation. Viele Militärveteranen wurden im Zeitraum von 1985 bis 2010 faktisch misshandelt. Die Gesundheitsversorgung verschlechterte sich in dieser Zeit; die durchschnittliche Lebenserwartung von Männern sank in den 1990er Jahren auf 58-59 Jahre (Davydov et al. 2007; Nemtsov 2009). Es ist bekannt, dass der Anteil der Alkoholkonsumenten unter Militärveteranen relativ hoch ist. Während der Anti-Alkohol-Kampagne (1985-1989) waren sie gezwungen, stundenlang in Schlangen vor Verkaufsstellen zu stehen und/oder auf Surrogate zurückzugreifen. Nach dem Scheitern der Kampagne wurde das Land mit minderwertigen alkoholischen Getränken und Surrogaten überschwemmt, die in Wodkaflaschen abgefüllt und über legal betriebene Geschäfte und Kioske verkauft wurden. Es kam zu Massenvergiftungen durch legal verkaufte Getränke (Jargin 2016).

Literatur

Asada T, Takaya S, Takayama Y, Yamauchi H, Hashikawa K, Fukuyama H. Reversible alcohol-related dementia: a five-year follow-up study using FDG-PET and neuropsychological tests. Intern Med. 2010;49(4):283-7.

Bourget D, Gagne P, Labelle ME. Parricide: a comparative study of matricide versus patricide. J Am Acad Psychiatry Law 2007;35(3):306-312.

Bradley M. Elder abuse. BMJ 1996;313(7056):548-550.

Casella C, Marisei M, Gloria L, Carrella M, Di Donna G, Di Lorenzo P. Elder psychological abuse: narrative review of evidence and gaps in research. Front Public Health. 2025;13:1694657.

Cheng C, Huang CL, Tsai CJ, Chou PH, Lin CC, Chang CK. Alcohol-Related Dementia: A Systemic Review of Epidemiological Studies. Psychosomatics. 2017;58(4):331-342.

Cornic F, Olie JP. Psychotic parricide. Prevention. Encephale 2006;32(4 Pt 1):452-8.

Cravens JM, Campion J, Rotholc A, Covan F, Cravens RA. A study of 10 men charged with patricide. Am J Psychiatry 1985;142(9):1089-1092.

Davydov MI, Zaridze D G, Lazarev AF, Maksimovich DM, Igitov VI, Boroda AM, Khvastiuk MG. Analysis of mortality in Russian population. Vestn Ross Akad Med Nauk. 2007;(7):17-27.

Dong X, Chen R, Simon MA. Elder abuse and dementia: a review of the research and health policy. Health Aff (Millwood) 2014;33(4):642-649.

Freud S. Dostoevski and patricide. Collected papers. New York: Basic Books; 1959.

Heide KM, Boots DP. A comparative analysis of media reports of U.S. parricide cases with officially reported national crime data and the psychiatric and psychological literature. Int J Offender Ther Comp Criminol. 2007;51(6):646-75.

Heilporn A, Andre JM, Didier JP, Chamberlain MA. Violence to and maltreatment of people with disabilities: a short review. J Rehabil Med. 2006; 38(1): 10-12.

Hillbrand M, Cipriano T. Commentary: parricides unanswered questions, methodological obstacles, and legal considerations. J Am Acad Psychiatry Law 2007; 35(3): 313-316.

Hoover RM, Polson M. Detecting elder abuse and neglect: assessment and intervention. Am Fam Physician 2014;89(6):453-460.

Hunter C, Nixon J, Parr S. Mother abuse: a matter of youth justice, child welfare or domestic violence? J Law Soc. 2010;37(2):264-284.

Jargin SV. Elder abuse and neglect versus parricide. Int J High Risk Behav Addict. 2013;2(3):136-138.

Jargin SV. Elder abuse, manipulation towards suicide, and homicide: Borders can be vague. International Journal of Emergency Mental Health and Human Resilience. 2015;17(4):706-708.

Jargin S. Questionable information on poisonings by alcohol surrogates. Interdiscip Toxicol. 2016;9(3-4):83-84.

Jargin SV. Misconduct in Medical Research and Practice. Nova Science Publishers; 2020.

Killick C, Taylor BJ. Professional decision making on elder abuse: systematic narrative review. J Elder Abuse Negl. 2009;21(3):211-238.

Kleinschmidt KC. Elder abuse: a review. Ann Emerg Med. 1997;30(4):463-472.

Malmquist CP. Adolescent parricide as a clinical and legal problem. J Am Acad Psychiatry Law 2010;38(1):73-79.

Nemtsov AV (2009) Alkogolnaya istoria Rossii: noveishii period (Alcoholic history of Russia: contemporary period). Moscow: urss.ru.

Palermo GB. Parricide: a crime against nature. Int J Offender Ther Comp Criminol. 2010;54(1):3-5.

Puchkov PV. Sociologicheskaia interpretacia gerontologicheskogo abusinga (Sociological interpretation of elder abuse). Technical University of Saratov, 2005.

Roberts B, Stickley A, Balabanova D, Haerpfer C, McKee M. The persistence of irregular treatment of hypertension in the former Soviet Union. J Epidemiol Community Health 2012;66(11):1079-1082.

Singhal S, Dutta A. Who commits patricide? Acta Psychiatr Scand. 1990;82(1):40-3.

US Preventive Services Task Force. Screening for family and intimate partner violence: recommendation statement. Ann Fam Med. 2004;2(2):156-160.

Wei W, Balser S. A Scoping Review: Financial Exploitation Among Older People Living with Dementia. Trauma Violence Abuse. 2025; 15248380251383930.

Zatonski WA, Bhala N. Changing trends of diseases in Eastern Europe: closing the gap. Public Health 2012;126(3):248-252.

Kapitel 6. Sexuelle und reproduktive Nötigung

Fall 4

Eine 33-jährige alleinerziehende Mutter mit ihrem 5-jährigen Sohn besuchte ihre Verwandten in einer Sowjetrepublik. Das Oberhaupt der gastgebenden Familie war ein hochrangiger Offizier; in seiner Familie hatte es Gewalt gegeben. Der Offizier hatte einen 20-jährigen Sohn, der (zusammen mit seinem Freund) die Cousine seiner Mutter sexuell missbrauchte. Etwas später heiratete der Täter seine Tante, die infolge von Verhütungssabotage schwanger geworden war. Unter den Bedingungen des sowjetischen Registrierungssystems (Propiska), welches der Massenmigration in die Hauptstadt entgegenwirken soll, wurden faktische und Scheinehen häufig genutzt, um eine Registration in Moskau zu erlangen. In der ehemaligen SU und im heutigen Russland ist die Registrierung und Unterbringung insbesondere für Städte, die Zuwanderer anziehen, ein starkes Motiv. Es ist bekannt, dass in einigen Kulturkreisen, in denen Vergewaltigungsmythen akzeptiert sind, sexuelle Gewalt als Mittel zum Partnerserwerb benutzt wird (Renzetti 2012; Russell 1990). Die Tatsache, dass einige Opfer ihre Vergewaltiger heirateten, wurde als Indiz dafür gewertet, dass Frauen dies genießen. Tatsächlich belegen vorliegende Berichte unterschiedliche Grade einer Traumatisierung (Russell 1990). Hohe soziale Positionen der Täter oder ihrer Verwandten verhinderten oft die Anzeigeerstattung.

Fall 5

In der 7. Klasse einer Schule (13-14-jährige Kinder) erschienen zwei Brüder aus einer transkaukasischen Republik der ehemaligen SU, beide frühreif. Später kam heraus, dass sie einige Mädchen verführt oder vergewaltigt hatten, was mindestens zu einer Abtreibung geführt hat. Eines der Mädchen erinnerte sich, dass es so schnell ging, dass sie es erst bemerkte, als es zu spät war: Der Junge war geschickt; offenbar war er in seiner Familie entsprechend unterwiesen worden. Sexuelle Erfahrungen mit

Verwandten sind in bestimmten Umfeldern nicht ungewöhnlich und können dazu führen, dass Jugendliche sich als Männer fühlen und sich dementsprechend verhalten, wenn sie es für ungefährlich halten. Berichten zufolge waren etwa 49 % der Täter, die als Kinder sexuelle Übergriffe begangen hatten, selbst in ihrer Vergangenheit sexuell missbraucht worden (Johnson 1988).

Fall 6

Dieser „Fall" ist eine Verallgemeinerung vom Thema der Vergewaltigung in Verabredungssituationen, die in der ehemaligen SU selten als solche erkannt und verfolgt wurde, wenn sie nicht als Falle arrangiert war. Er lädt sie ein oder umgekehrt, sie sagt „Nein", woraufhin es zu mehr oder weniger heftigem Widerstand kommt. Die Definitionen von fehlender Einwilligung und Nötigung sind in solchen Fällen nicht immer eindeutig. Studien zeigen, dass sexuell aggressive Handlungen oft ohne Kondom erfolgen, während der Alkoholkonsum und die Nichtverwendung von Kondomen tendenziell korrelieren (Davis et al. 2012). Der Kondomgebrauch ist im Kontext sexueller Gewalt inkonvenient, die Coitus-interruptus-Methode kann aber angewendet werden. Alkohol kann zu einer Fehleinschätzung der Absichten beitragen (Farris et al. 2008). Es wird angenommen, dass Alkohol die Fähigkeit einer Frau beeinträchtigt, das Risiko eines sexuellen Übergriffs zu erkennen und Annäherungsversuchen zu widerstehen (Testa und Livingston 2009). Obwohl Trunkenheit keine Voraussetzung für sexuelle Gewalt ist, deutet ihr gemeinsames Auftreten darauf hin, dass Alkohol manchmal eine ursächliche Rolle spielt (Abbey 2011). Es ist wichtig zu erwähnen, dass ein Fall als Vergewaltigung eingestuft wird, wenn ein Opfer aufgrund von Drogen- oder Alkoholeinfluss nicht einwilligungsfähig ist.

Analog zur informierten Einwilligung in der Medizin darf es keine Situation geben, in der eine Person auf ihr Recht verzichtet, zu jeglicher sexueller Aktivität „Nein" zu sagen. Zu den Risikofaktoren der Vergewaltigung und der Sabotage von Verhütungsmitteln zählt die Feindseligkeit gegenüber Frauen (Wegner et al. 2017), sei es alle Frauen oder bestimmte ethnische Gruppen. Bei sich änderndер ethnischer Zusammensetzung der Bevölkerung wird das immer wichtiger. Ein direkter Zusammenhang zwischen feindlicher Einstellung und ungeschütztem Geschlechtsverkehr wurde festgestellt (Davis et al. 2012). Schließlich sollte auch die Vergewaltigung in Ehe und Partnerschaft erwähnt werden, die oft als Norm angesehen wird (Russell 1990). Wie bereits erwähnt, ist die Vergewaltigungskultur eine Ideologie, die sexuelle Übergriffe unterstützt oder entschuldigt.

Diskussion

Reproduktive Nötigung (RN) beeinträchtigt die Entscheidungsfreiheit einer Frau. RN kann die Sabotage von Verhütungsmitteln, Druck zur Austragung einer Schwangerschaft oder zum Schwangerschaftsabbruch umfassen (Grace 2016). Zur Definition von RN gehören auch Versuche männlicher Partner, eine Schwangerschaft durch verbalen Druck und Drohungen herbeizuführen. Die Varianten einer Sabotage von Verhütungsmitteln sind deren Vorenthalten oder Zerstören, absichtliches Zerreißen oder Entfernen von Kondomen, Unterlassen des Coitus interruptus, um trotz des Wunsches der Partnerin eine Schwangerschaft herbeizuführen (Silverman und Raj 2014). Reproduktiver Zwang wird von den Betroffenen nicht immer als solcher wahrgenommen; insbesondere häusliche Gewalt kann eine Frau daran hindern, bestimmte Verhaltensweisen als Zwang zu benennen (Wegner et al. 2017). In der Literatur wird RN üblicherweise als vorsätzliche Handlung diskutiert. Die Definition kann um den Begriff „fahrlässiger RN" erweitert werden, einschließlich der Sabotage vereinbarter Verhütungsmethoden, was manchmal unter Alkoholeinfluss geschieht. Zugegebenermaßen kann es schwierig sein, zwischen Fahrlässigkeit, unbewussten und bewussten Absichten zu unterscheiden.

Die Abtreibungsrate in der RF war die weltweit höchste bis etwa 2010 (United Nations 2013), oder bis heute (Fardieva 2023), da einige Abtreibungen in Privatkliniken nicht in der Statistik erfasst werden. Dies war nicht nur auf die unzureichende Verfügbarkeit moderner Verhütungsmittel, sondern auch auf verantwortungsloses Verhalten, mitunter im Zusammenhang mit übermäßigem Alkoholkonsum, zurückzuführen. Laut einer systematischen Übersicht und Metaanalyse war die konsequente Kondomnutzung bei riskanten Trinkern in Russland weniger verbreitet als bei regelmäßigen Trinkern (Lan et al. 2017). Glücklicherweise sind sowohl die Abtreibungsrate als auch der Alkoholkonsum in Russland rückläufig. Es gab im Laufe der Zeit verschiedene Maßnahmen zur Steigerung der Geburtenrate, zunächst wegen des Geschlechterungleichgewichts nach dem Zweiten Weltkrieg. Dies führte zu einer eingeschränkten Verfügbarkeit von Verhütungsmitteln, Unmöglichkeit einer freiwilligen Sterilisation und einem Abtreibungsverbot bis 1955, verbunden mit einer konsumorientierten Einstellung gegenüber Frauen: Entsprechende Äußerungen und Verhaltensweisen waren weit verbreitet. Der Atheismus trug offenbar zu verantwortungslosem und unmoralischem Verhalten bei (Adamczyk 2012). Inzwischen hat sich das Geschlechterungleichgewicht umgekehrt, und die globale Überbevölkerung ist in den Vordergrund gerückt.

Die Natalität wird nach wie vor stimuliert. Beispielsweise werden in populären Fernsehserien wie „Sled“ (Spur) und „Slepaia“ (Die Blinde) ungewollte Schwangerschaften - sowohl innerhalb als auch außerhalb der Ehe - regelmäßig als etwas Natürliches und Unvermeidliches dargestellt, während Verhütungsmittel kaum Erwähnung finden. Bemerkenswerterweise ersetzte in der Folge 306 der letztgenannten Serie ein Gynäkologe auf Wunsch des Ehemanns heimlich die Antibabypille durch Vitamine. Die Filmemacher präsentierten dies als gute Tat, da der Mann sich Kinder wünschte, die Frau aber nicht. Die Risiken und Nebenwirkungen der oralen Kontrazeptiva werden von den Massenmedien und einigen Fachpublikationen erfunden oder übertrieben. Offensichtlich folgt diese Propaganda einer Politik zur Steigerung der Geburtenrate. Das kann als reproduktive Nötigung seitens des Staates interpretiert werden.

Nach Ansicht des Autors sollten die Behörden fahrlässige und vorsätzliche Sabotage von Verhütungsmitteln als Straftaten mit Körperverletzung ahnden, wenn dadurch eine Abtreibung, eine ungewollte Schwangerschaft, eine sexuell übertragbare oder erbliche Krankheit verursacht wurde. Es ist anzumerken, dass die meisten Studien zu diesem Thema in demokratischen Ländern durchgeführt wurden, während das Ausmaß des Problems in weniger offenen Gesellschaften schwer abzuschätzen ist. Insbesondere Mythen und Ideologien, die sexuelle Übergriffe entschuldigen und/oder die Opfer für ihre sexuelle Viktimisierung selbst verantwortlich machen, sind in der ehemaligen Sowjetunion und einigen anderen Regionen verbreitet (Cooke et al. 2020; Johnson und Johnson 2021; Mitka und Hyzy 2025).

Der Zusammenhang zwischen Safer-Sex-Entscheidungen und Alkoholkonsum hängt vom soziokulturellen Entwicklungsstand ab. Mehrere Studien in Industrieländern konnten den Zusammenhang zwischen Alkoholkonsum und Kondomverzicht nicht eindeutig bestätigen (Cooper 2002; Davis et al. 2014; Gilmore et al. 2013; Livingston et al. 2015; Parks et al. 2012; Senf und Price 1994; Weir und Latkin 2015). Laut einigen Analysen verringert nur sehr hoher Alkoholkonsum die Wahrscheinlichkeit der Kondomnutzung (Walsh et al. 2014). Im Gegensatz dazu bestätigten alle bekannten Studien aus weniger entwickelten oder kürzlich industrialisierten Regionen der Welt den Zusammenhang zwischen Alkoholkonsum und Kondomverzicht sowie anderen riskanten Sexualpraktiken (Okoro et al. 2019; Chen et al. 2013; Faye et al. 2014; Fentahun und Mamo 2014; Gallo et al. 2011; Matovu und Ssebadduka 2013; Mola et al. 2016; Xiao et al. 2010). Man kann annehmen, dass sozialer Fortschritt mit einer Verbesserung der Moral einhergeht, sodass ablenkende Faktoren wie Alkohol teilweise an Bedeutung verlieren. Internationale Migrationen verzerren aber dieses Bild. Die alkoholbedingte Nachlässigkeit scheint den migrations- und geopolitischen Motiven zu weichen. Schein- und Zeitehen werden genutzt, um in Moskau und anderen Städten mit hohem Migrantenaufkommen eine Aufenthaltsgenehmigung bzw. Unterkunft zu erhalten. Sexueller und reproduktiver Zwang wird mitunter für Migrationszwecke genutzt, und zwar um Beziehungen zu festigen und/oder bestimmte Genotypen zu verbreiten. Es sind Fälle bekannt, in denen eine Erbkrankheit des Täters von dem/der Partner(in) verheimlicht und anschließend an die Nachkommen weitergegeben wurde. Insbesondere die aschkenasische Bevölkerungsgruppe weist eine vergleichsweise hohe Häufigkeit von Erbkrankheiten auf; Details und Literaturverweise finden sich im Kapitel 7 und im Artikel von Jargin und Robertson (2025). Verschiedene Methoden kommen zum Einsatz: Überredung und Verführung, Alkohol und Drogen, sexueller und reproduktiver Zwang, Einschüchterung und Gewaltanwendung. Frauen sollten sich dieser Taktiken bewusst sein.

Berichten zufolge werden etwa 70-75 % der Fälle von sexueller Gewalt in Moskau von Einwanderern aus Zentralasien begangen; auch einige andere ethnisch/konfessionelle Bevölkerungsgruppen sind in diesem Bereich aktiv (Strauning 2019). Laut einer 2012 veröffentlichten Monografie wurde jeder siebte Mord und etwa 50 % der Vergewaltigungen in Moskau von Ausländern begangen (Kuryakov et al. 2012). Migranten aus dem Nordkaukasus und ethnische Minderheiten werden nicht als Ausländer gezählt, da sie russische Staatsbürger sind. Ähnliche Zahlen wurden von anderen Forschern berichtet (Polkovnikov 2010). Viele Straftaten bleiben ungemeldet oder unaufgeklärt, insbesondere jene, die von Migranten begangen werden (Kuryakov et al. 2012). Unter den ausländischen Staatsbürgern im russischen Fernen Osten wurden die Straftaten am häufigsten von Chinesen (55 %) und Usbeken (23 %) begangen. Die Kriminalität in diesem Milieu korrelierte mit dem Anteil illegaler Einwanderer (Samoylyuk und Nikitenko 2015). Die kriminelle Aktivität von Migranten wurde auf das Vierfache des russischen Durchschnitts geschätzt (Antonov-Romanovsky et al. 2013). Vergleichbare Daten sind in der neuesten Literatur schwer zu finden. Das Thema wird heutzutage gemieden.

Schlussfolgerung

Soweit uns bekannt ist, erlaubten die sowjetischen und gegenwärtigen Machthaber, die Partei- und Militärnomenklatura (Voslensky 1984), keine invasiven Eingriffe ohne adäquate Indikation an sich selbst oder ihren Angehörigen. Die Söhne von Funktionären haben die Gonorrhö nicht mit Tamponade und Bougierung der

Harnröhre behandelt; Alkoholiker aus ihrem Umfeld wurden nicht tagelang mit Tropfen-Infusionen behandelt und mit Virushepatitis infiziert, sie tranken auch keinen in Wodkaflaschen abgefüllten technischen Ethanol aus legalen Geschäften. Was das medizinische Personal betrifft, so ist es unwahrscheinlich, dass sie bei ihren Kindern verfärbte Grübchen und Fissuren trocken bohrten und minderwertige Zementfüllungen verwendeten, Zervixektopien kauterisierten oder Halstead-Mastektomien an ihren Familienmitgliedern durchführten. Dies deutet auf bewusste Körperverletzung hin; Details und Literaturverweise sind in (Jargin 2026).

Militärfunktionäre und ihre Angehörigen werden durch den Krieg in Ukraine an Einfluss gewinnen. Diejenigen, die daran teilnehmen, ob faktisch oder formell, erlangen den Veteranenstatus und damit Privilegien gegenüber ihren Mitbürgern. Einige von ihnen werden Führungspositionen ohne entsprechende Vorbereitung und Auswahl bekleiden. Kriegsveteranen genießen Vorteile im Gesundheitswesen und im Alltag; es bestehen jedoch Bedenken, dass dieser Status einigen Personen aus privilegierten Kreisen unbegründet verliehen wurde. Gleichzeitig entzogen sich Angehörige höherer Offiziere unter verschiedenen Vorwänden dem Wehrdienst. Einige Funktionäre und ihre Schützlinge haben sich beruflicher Verfehlungen schuldig gemacht (Jargin 2020). Zugegebenermaßen werden die oben genannten Probleme heutzutage von migrationsbedingten gesellschaftlichen Veränderungen überschattet.

Literatur

Abbey A (2011) Alcohol's role in sexual violence perpetration: theoretical explanations, existing evidence and future directions. Drug Alcohol Rev 30: 481-489.

Adamczyk A. Extracurricular activities and teens' alcohol use: The role of religious and secular sponsorship. Soc Sci Res 2012; 41: 412-424.

Antonov-Romanovsky GV, Koimshidi GF, Chirkov DK, Litvinov AA. Prestupnost migrantov-inostrancev i ee preduprezhdenie (Crime of foreign migrants and its prevention). Moscow: Yurlitinform; 2013.

Chen Y, Li X, Zhang C, Hong Y, Zhou Y. Alcohol use and sexual risks: use of the Alcohol Use Disorders Identification Test (AUDIT) among female sex workers in China. Health Care Women Int 2013; 34: 122-138.

Cooke EM, Lewis RH, Hayes BE, Bouffard LA, Boisvert DL, et al. Examining the relationship between victimization, psychopathy, and the acceptance of rape myths. J Interpers Violence 2020; 18: 886260520966669.

Cooper ML. Alcohol use and risky sexual behavior among college students and youth: evaluating the evidence. J Stud Alcohol Suppl. 2002; (14): 101-117.

Davis KC, Kiekel PA, Schraufnagel TJ, Norris J, George WH (2012) Men's alcohol intoxication and condom use during sexual assault perpetration. J Interpers Violence 27: 2790-2806.

Davis KC, Masters NT, Eakins D, Danube CL, George WH, et al. Alcohol intoxication and condom use self-efficacy effects on women's condom use intentions. Addict Behav 2014; 39: 153-158.

Fardieva Ash. Reprezentatsii reproduktivnogo prinuzhdeniya v regionalnykh mass media: analiz osnovnykh diskursov (Representations of reproductive coercion in regional mass media: analysis of the main discourses). Proceedings of the VI International Conference. Kazan, May 18-19, 2023. Kazan University; 2023; pp. 574-579. https://elibrary.ru/item.asp?id=60631909

Farris C, Treat TA, Viken RJ, McFall RM (2008) Sexual coercion and the misperception of sexual intent. Clin Psychol Rev 28: 48-66.

Faye A, Faye MD, Leye MM, Diongue M, Niang K, et al. Study of determinants of unprotected sex in sailors of the Senegalese merchant navy. Bull Soc Pathol Exot 2014; 107: 115-120.

Fentahun N, Mamo A. Risky sexual behaviours and associated factors among male and female students in Jimma Zone preparatory schools, South West Ethiopia: comparative study. Ethiop J Health Sci 2014; 24: 59-68.

Gallo MF, Warner L, Bell AJ, Bukusi EA, Sharma A, et al. Determinants of condom use among female sex workers in Kenya: a case-crossover analysis. J Womens Health (Larchmt) 2011; 20: 733-738.

Gilmore AK, Granato HF, Lewis MA. The use of drinking and condom-related protective strategies in association with condom use and sex-related alcohol use. J Sex Res 2013; 50: 470-479.

Grace KT. Caring for women experiencing reproductive coercion. J Midwifery Womens Health 2016; 61: 112-115.

Jargin SV. Misconduct in medical research and practice. New York: Nova Science Publishers; 2020.

Jargin SV. Klinischer Schaden als Politik: Eingriffe ohne Indikation in Russland. Eliva Press; 2026.

Jargin S, Robertson S. Medical, social and environmental aspects of overpopulation. J Environ Stud 2025; 11(1): 7.

Johnson TC (1988) Child perpetrators - children who molest other children: preliminary findings. Child Abuse Negl 12: 219-229.

Johnson NL, Johnson DM. An empirical exploration into the measurement of rape culture. J Interpers Violence 2021; 36: 70-95.

Kuryakov IA, Metelev IS, Gaiduchenko YuS. Demograficheskaia bezopasnost Zapadno-Sibirskogo regiona: sostoianie, problem I perspektivy razvitia (Demographic security of the West Siberian region: state, problems and development prospects). Omsk: Skornyakova EV; 2012.

Lan CW, Scott-Sheldon LA, Carey KB, Johnson BT, Carey MP. Prevalence of alcohol use, sexual risk behaviour, and HIV among Russians in high-risk settings: A systematic review and meta-analysis. Int J Behav Med 2017; 24: 180-190.

Livingston JA, Testa M, Windle M, Bay-Cheng LY. Sexual risk at first coitus: Does alcohol make a difference? J Adolesc 2015; 43: 148-158.

Matovu JK, Ssebadduka NB. Knowledge, attitudes barriers to condom use among female sex workers and truck drivers in Uganda: a mixed-methods study. Afr Health Sci 2013; 13: 1027-1033.

Mitka M, Hyży P. Modern rape myths: A systematic review of perceptions in Western and Central-Eastern Europe. Trauma Violence Abuse. 2025; 15248380251382518.

Mola R, Pitangui AC, Barbosa SA, Almeida LS, Sousa MR, et al. Condom use and alcohol consumption in adolescents and youth. Einstein (Sao Paulo) 2016; 14: 143-151.

Okoro UJ, Carey KB, Johnson BT, Carey MP, Scott-Sheldon LAJ. Alcohol consumption, risky sexual behaviours, and HIV in Nigeria: A meta-analytic review. Curr Drug Res Rev 2019; 11: 92-110.

Parks KA, Collins RL, Derrick JL. The influence of marijuana and alcohol use on condom use behaviour: findings from a sample of young adult female bar drinkers. Psychol Addict Behav 2012; 26: 888-894.

Polkovnikov RM. Ugolovnaya otvetstvennost' za iznasilovaniye (Criminal liability for rape). Dissertation. Moscow: Peoples' Friendship University of Russia; 2010.

Renzetti CM, Edleson JL, Bergen RK (2012) Companion reader on violence against women. Sage, Los Angeles.

Russell DEH (1990) Rape in marriage. McMillan, New York.

Samoylyuk NV, Nikitenko IV. Sistema protivodejstvia prestupnosti migrantov v Dalnevostochnom federalnom okruge Rossii (System of combating migrant crime in the Far Eastern Federal District of Russia). Khabarovsk: Ministry of Internal Affairs of Russia; 2015.

Senf JH, Price CQ. Young adults, alcohol and condom use: what is the connection? J Adolesc Health 1994; 15: 238-244.

Silverman JG, Raj A. Intimate partner violence and reproductive coercion: global barriers to women's reproductive control. PLoS Med 2014; 11: e1001723.

Strauning IuA. Determinanty prestupnosti migrantov v uslovijah megapolisa (Determinants of crime by migrants in conditions of a megapolis). In: Actual problems of migrations. Proceedings of an inter-university scientific and practical conference. Domodedovo: Ministry of Internal Affairs of the Russian Federation; 2019; pp: 73-76.

Testa M, Livingston JA (2009) Alcohol consumption and women's vulnerability to sexual victimization: can reducing women's drinking prevent rape? Subst Use Misuse 44: 1349-1376.

United Nations, Department of Economic and Social Affairs Population Division. World Abortion Policies. New York: United Nations; 2013.

Voslensky MS. Nomenklatura: the Soviet ruling class. Garden City, NY: Knopf Doubleday Publishing Group; 1984.

Walsh JL, Fielder RL, Carey KB, Carey MP. Do alcohol and marijuana use decrease the probability of condom use for college women? J Sex Res 2014; 51: 145-158.

Wegner R, Davis KC, Stappenbeck CA, Kajumulo KF, Norris J, (2017) The effects of men's hostility toward women, acute alcohol intoxication, and women's condom request style on men's condom use resistance tactics. Psychol Violence 7: 593-601.

Weir BW, Latkin CA. Alcohol, intercourse, and condom use among women recently involved in the criminal justice system: Findings from integrated global-frequency and event-level methods. AIDS Behav 2015; 19: 1048-1060.

Xiao Z, Palmgreen P, Zimmerman R, Noar S. Adapting and applying a multiple domain model of condom use to Chinese college students. AIDS Care 2010; 22: 332-338.

Kapitel 7. Erbliche Erkrankungen

Ein Mensch empfindet Scham, wenn eine unerwünschte Wahrheit über seinen Charakter ihm selbst oder anderen offenbart wird. Ungesunde und unattraktive Menschen leiden oft unter Scham (Shaughnessy 2018). Auch das Aufdecken von Misständen und Denunziationen gelten manchmal als beschämende Handlungen. Im Gegensatz dazu empfinden viele Gesetz- und Sittenverletzer keinerlei Scham und gehen als Gewinner hervor. Dies betrifft verschiedene Phänomene: Kindes- und Altenmisshandlung, sexuelle Nötigung, ärztliches Fehlverhalten. Für Ärzte betrifft dies suboptimale Verschreibungen aufgrund von Interessenkonflikten, ganz zu schweigen von invasiven Eingriffen ohne ausreichende Indikation (Jargin 2020, 2026). Wie kann man das Schamgefühl auf die richtigen Ziele lenken, sodass nicht die Opfer und Whistleblower, sondern die Täter sich schämen? Veröffentlichungen mit Namen und Quellenangaben scheinen der beste Weg zu sein.

In einem Umfeld, das sexuelle und reproduktive Nötigung toleriert und in dem sexuell übertragbare Infektionen (STI) oder Erbkrankheiten vor Partnern verheimlicht werden, verlieren diese Zustände ihren Status als Privatangelegenheit. In bezug auf Erbkrankheiten betrifft das auch die Verwandtschaft. Verhütungssabotage sollte als Straftat mit Körperverletzung geahndet werden, wenn dadurch eine Abtreibung, eine ungewollte Schwangerschaft, eine STI oder Erbkrankheit verursacht wurde. Insbesondere das Verschweigen einer bekannten genetischen Erkrankung vor dem Partner kann schwerwiegende Folgen haben. Mehrere STI sind heilbar, Erbkrankheiten hingegen meist nicht. Dies gibt einem Arzt in bestimmten Fällen das moralische Recht, die Schweigepflicht zu missachten, wenn es nicht ausgeschlossen ist, dass der Täter bzw. seine/ihre Verwandten den abnormalen Genotyp weiterverbreiten würden. Glücklicherweise verbessern sich Gentests und -beratung, sodass die oben genannten Überlegungen eines Tages überdacht werden könnten.

Fall 7

Das Marfan-Syndrom (MS) ist eine autosomal-dominant vererbte Bindegewebserkrankung mit variabler Penetranz. Es gibt eine umfangreiche Literatur zu MS, und die Symptome sind gut bekannt. Dieser Fallbericht beschreibt die Spätfolgen des Hebens schwerer Gewichte bei einem Patienten mit spät diagnostiziertem, mittelschwerem MS. Personen mit MS wird von schwerem Gewichtheben, Kontaktsportarten (Rugby, Boxen), Aktivitäten mit hohen G-Kräften und Tiefseetauchen abgeraten. Die meisten von ihnen dürfen aber Sport und andere körperliche Aktivitäten mit moderater Belastung treiben (Zeigler et al, 2021).

Die Familiengeschichte von S. verdeutlicht den psychologischen Mechanismus „Gleich und Gleich gesellt sich gern", der Ehen zwischen Menschen mit denselben Erbkrankheiten begünstigen kann. Andere würden eine Abweichung wahrnehmen; doch eine Person, die einem selbst ähnelt, könnte Interesse und Mitgefühl wecken. Dies birgt potenzielle Gefahren für die Nachkommenschaft. Beide Eltern von S. waren ethnische Russen. Die Mutter wies eine mäßig ausgeprägte marfanoide Statur auf. Der Vater war hochwuchsig mit einem Kopfumfang von ca. 61 cm, sonst unauffällig. Allerdings hatten sowohl seine Schwester als auch die Tochter aus erster Ehe einen marfanoiden Körperbau. Mäßig ausgeprägte Symptome des Marfan-Syndroms sind bei S. erkennbar: Großwuchs, schlankes Skelett mit überbeweglichen Gelenken, mäßige Arachnodaktylie und eine leichte Kyphose, die in der Kindheit diagnostiziert wurde. Ab der Jugend hörte S. Kommentare über seine „Schlappheit" und kompensierte dies durch Sport und köperliche Belastung: Rudern, Rucksackreisen und Fitnesstraining, einschließlich Gewichtheben. Ab dem 18. Lebensjahr beteiligte er sich an Bau- und Forstarbeiten während seiner Ferien, zusammengerechnet etwa drei Jahre lang, zuzüglich mehr als zwei Jahren Wehrdienst. Diese Tätigkeiten beinhalteten das Heben schwerer Lasten.

Das Marfan-Syndrom wurde weder bei den jährlichen Vorsorgeuntersuchungen an der Setschenov-Medizinakademie, wo S. von 1973 bis 1990 studierte und anschliessend praktizierte, noch in anderen Einrichtungen diagnostiziert.

Erbkrankheiten wurden an der genannten Akademie nicht ausreichend beachtet. Der Verdacht auf die Diagnose entstand erst im Alter von über 30 Jahren, als bei S. bereits eine sichtbare Asymmetrie der Leistenregion auftrat. Im Alter von 66 Jahren entwickelte S. neben einer Atrophie der Bauchmuskulatur einen Unterbauchwandvorfall (Abb. 7-1) und ein descensus perinei mit Fußödem. Er kann nur mit gespreizten Beinen schlafen z.B. mit Hilfe eines Ballons von ca. 40 cm Durchmesser, sonst werden Durchblutungsstörungen in den unteren Extremitäten spürbar. Zusätzlich bestehen eine Hiatushernie und eine radiologisch bestätigte, ältere Kompressionsfraktur des 6. Halswirbelkörpers (C6) mit wiederkehrenden Schmerzen und Symptomen einer vertebrobasilären Insuffizienz. Die Fraktur entstand im Alter von 29 Jahren beim Heben schwerer Lasten während Bauarbeiten (Jargin und Kaloshin 2015).

Die oben erwähnte Wirbelsäulenverletzung bedarf weiterer Erläuterung. Zwischen 1979 und 1987 war S. am Bau des Kernkraftwerks Kola und der nahegelegenen Stadt Poljarnyje Sori (Polarer Sonnenaufgang) beteiligt (Abb. 7-2,3). In den Jahren 1984 und 1985 nahm er an Bauarbeiten teil, bei denen Beton mit einer Tragbahre getragen werden musste. Die Arbeiter waren durchschnittlich 16 Stunden täglich im Einsatz. Die Wirbelsäule signalisierte über afferente Bahnen, dass er keine schweren Lasten tragen sollte. Die Tragbahre wurde schwerer, und die Schmerzen in der Wirbelsäule verschlimmerten sich. Zwölf Jahre später, als S. im Ausland als Pathologe praktizierte und begann lange Radtouren zu unternehmen, um seinem sitzenden Lebensstil entgegenzuwirken, traten die Schmerzen erneut im Halswirbelsäulenbereich auf. Anfangs fiel es ihm schwer, beim Spurwechsel den Kopf zu drehen; später wurden die Schmerzen dauerhaft und zwangen ihn, vom Fahrrad abzusteigen und zu Fuß zu gehen. Die Röntgenuntersuchung ergab eine alte Kompressionsfraktur des sechsten Halswirbelkörpers (C6). S. musste jegliche Belastung des Schultergürtels vermeiden. Die Tragbahre wurde vom Teamleiter Dmitri Gotlib überladen. S. hat sichtlich marfanoiden Körperbau; die Tragbahre war zu schwer für ihn, doch brachte er es nicht übers Herz, „Nein“ zu sagen; und die Umgebung wusste das. Gotlib stammte aus einer privilegierten sowjetischen Familie.

Er hatte eine Trichterbrust und behandelte Epilepsie, die er vor seiner Ehefrau (die sich nach einem nächtlichen Grand-Mal-Anfall scheiden ließ) und dem Krschischanowski Institut für Energietechnik, wo er mit Strahlungsquellen arbeitete (in den 1990er-Jahren entlassen, später im Baugewerbe tätig), verheimlichte. Epilepsie hat eine starke genetische Prädisposition (Thijs et al. 2019). Auch die Trichterbrust ist als Bestandteil verschiedener genetischer Syndrome bekannt. Außerdem wurde beobachtet, wie Gotlib 1988 bei der Kiefernanzapfung in Sibirien Bäume unnötig beschädigte (Abb. 7-4) (Jargin 2017).

АДМИНИСТРАЦИЯ
города Полярные Зори
с подведомственной территорией
АРХИВНЫЙ ОТДЕЛ
Ломоносова ул., д. 4, Полярные Зори г.,
Мурманская область, 184230
Тел.(81532)75770, факс (81532)75770
E-mail: arhiv@pz-city.ru
http://www.pz-city.ru
22.07.2013 № Я-335
На № ________ От ________

Яргину С.В.
Климентовский пер., д.6, кв.22
Москва, 115184

АРХИВНАЯ СПРАВКА

В архивном фонде Р-27 «Управление строительства Кольской АЭС» г.Полярные Зори Мурманской области, в документальных материалах Управления механизированных и сантехнических работ, имеются сведения о работе **Яргина Сергея Вадимовича, 21.08.1956 г. рождения:**

- 29.12.1979 – принят на временную работу бетонщиком – приказ от 28.12.1979 № 472-к;
- 17.01.1980 – уволен в связи с окончанием временной работы – приказ от17.01.1980 № 15к;
- 29.06.1983 – принят на временную работу подсобным рабочим 2 разряда со сдельной оплатой труда – приказ от 28.06.1983 № 137-к;
- 14.08.1983 – уволен в связи с окончанием срока временной работы п.2 ст.29 КЗоТ РСФСР – приказ от 12.08.1983 № 178-к;
- 09.07.1984 – принят на временную работу подсобным рабочим 2 разряда – приказ от 09.07.1984 № 159-к;
- 17.08.1984 - уволен в связи с окончанием срока временной работы п.2 ст.29 КЗоТ РСФСР- приказ от 17.08.1984 № 198-к;
- 02.07.1985 – принят на временную работу бетонщиком 3 разряда – приказ от 02.07.1985 № 158-к;
- 13.08.1985 - уволен в связи с окончанием срока временной работы – приказ от 13.08.1985 № 190-к;
- 07.07.1986 – принят на временную работу бетонщиком 3 – приказ от 02.07.1986 № 157-к;
- 14.08.1986 – уволен в связи с окончанием срока временной работы п.2 ст.29 КЗоТ РСФСР – приказ от 14.08.1986 № 190-к;
- 08.10.1986 – принят на временную работу бетонщиком 2 разряда – приказ от 08.10.1986 № 256-к;
- 06.11.1986 - уволен в связи с окончанием срока временной работы п.2 ст.29 КЗоТ РСФСР – приказ от 06.11.1986 № 317-к;
- 08.06.1987 – принят на работу сроком на два месяца бетонщиком 3 разряда – приказ от 08.06.1987 № 274-к;

Abb. 7-2. Bescheinigung über wiederholte Beschäftigung bei der Bauleitung des Kernkraftwerks Kola. Die tatsächliche Arbeitszeiten waren länger.

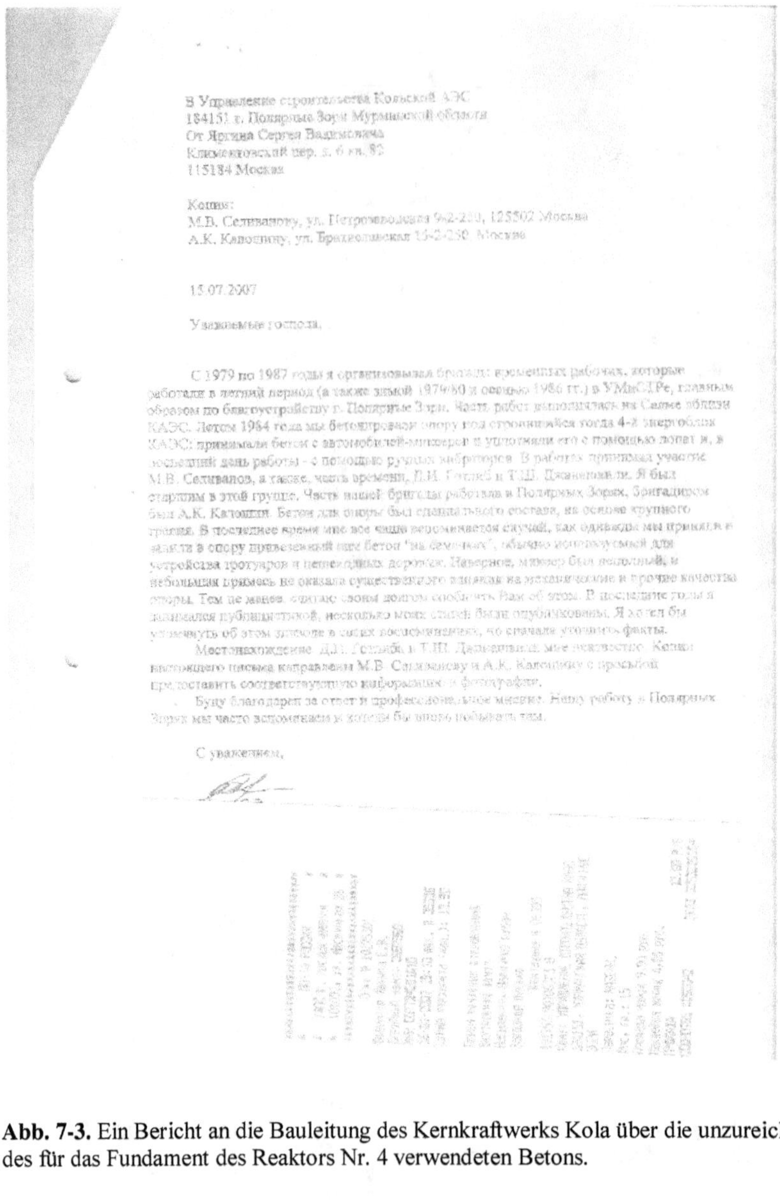

В Управление строительства Кольской АЭС
184151 г. Полярные Зори Мурманской области
От Яргина Сергея Вадимовича
Климентовский пер. д. 6 кв. 82
115184 Москва

Копия:
М.В. Селиванову, ул. Петрозаводская 9-2-2[illegible], 125502 Москва
А.К. Калошину, ул. Братиславская 15-2-250, Москва

15.07.2007

Уважаемые господа,

С 1979 по 1987 годы я организовывал бригады временных рабочих, которые работали в летний период (а также зимой 1979/80 и осенью 1986 гг.) в УМиСТРе, главным образом по благоустройству г. Полярные Зори. Часть работ выполнялась на Салме вблизи КАЭС. Летом 1984 года мы бетонировали опору под строившийся тогда 4-й энергоблок КАЭС: принимали бетон с автомобилей-миксеров и уплотняли его с помощью лопат и, в последний день работы - с помощью ручных вибраторов. В работах принимал участие М.В. Селиванов, а также, часть времени, Д.И. Готлиб и Т.Ш. [illegible]. Я был старшим в этой группе. Часть нашей бригады работала в Полярных Зорях, бригадиром был А.К. Калошин. Бетон для опоры был специального состава, на основе крупного гравия. В последнее время мне все чаще вспоминается случай, как однажды мы приняли и залили в опору привезенный нам бетон "на семечках", обычно используемый для устройства тротуаров и пешеходных дорожек. Наверное, миксер был неполный, и небольшая примесь не оказала существенного влияния на механические и прочие качества опоры. Тем не менее, считаю своим долгом сообщить Вам об этом. В последние годы я занимался публицистикой, несколько моих статей были опубликованы. Я хотел бы упомянуть об этом эпизоде в своих воспоминаниях, но сначала уточнить факты.

Местонахождение Д.И. Готлиба и Т.Ш. [illegible] мне неизвестно. Копии настоящего письма направлены М.В. Селиванову и А.К. Калошину с просьбой предоставить соответствующую информацию и фотографии.

Буду благодарен за ответ и профессиональное мнение. Нашу работу в Полярных Зорях мы часто вспоминали и хотели бы вновь побывать там.

С уважением,

Abb. 7-3. Ein Bericht an die Bauleitung des Kernkraftwerks Kola über die unzureichende Qualität des für das Fundament des Reaktors Nr. 4 verwendeten Betons.

АРХИВНАЯ СПРАВКА
11.09.2013 г. № Я/С-1463

Отдел по организационной работе - Архив Богучанского района администрации Богучанского района сообщает, что в документах архивного фонда «АОЗТ «Карабулахимлес» (Карабульский химлесхоз)» «Приказы по кадрам» имеются следующие сведения о работе Яргина Сергея Владимировича:

- принять ргина (так в документе) Сергея Вадимовича на работу в качестве вздымщика 5 разряда на м/уч. Дальний временно с 22 июля по 01 сентября 1980 г. (приказ № 84-к от 23 июля 1980 г.);
- вздымщика принять на работу на м/уч. Дальний с 01 августа по 10 сентября 1982 г. временно (приказ № 76-к от 02 августа 1982 г.);
- принять вздымщиком 5 разряда на м/уч. Ятковский с 01 июля по 15 августа 1988 г с оплатой согласно ст. 86 КЗоТ РСФСР (приказ № 84-к от 01 июля 1988 г.).

Abb. 7-4. Bescheinigung über die Teilnahme an Waldarbeiten in Sibirien. Die tatsächliche Arbeitszeit war länger.

Diskussion

Es sind viele Fälle bekannt, in denen eine Erbkrankheit vor dem Partner verheimlicht und dann an die Nachkommen vererbt wurde. Beispielsweise tragen 20-25 % der Menschen ost- und mitteleuropäischer jüdischer (aschkenasischer) Abstammung krankheitsverursachende Gene. Diese ethnische Gruppe wird hier hervorgehoben, da keine vergleichbaren Beispiele bei anderen Bevölkerungsgruppen bekannt sind. Ungefähr einer von 10-15 Aschkenasi ist Träger einer Mutation, die Gaucher-Krankheit verursacht, 1/30 die familiäre Dysautonomie, 1/75 die Niemann-Pick-Krankheit; schätzungsweise 1/40 ist Träger der Canavan-Krankheit und 1/89 der Fanconi-Anämie. Die Prävalenz verschiedener Erkrankungen ist bei der genannten Population überdurchschnittlich hoch: Diabetes mellitus, einige Krebsarten und Leukämien, bestimmte Augenerkrankungen und andere Störungen (Glad 2005; Cox et al. 2018; Robles-Díaz et al. 2004; Lynch et al. 2004; Barker et al. 1997; Arkkila 2006; Kamm 2006; Neuman et al. 2010; Li et al. 2004; Bansal et al. 2018; Gilman 1985; Dorff und Zoloth 2015; Wolpe 2015). Weitere Details und Literaturverweise finden sich in der Gale Encyclopedia of Genetic Disorders (Blachford 2002). Es wird empfohlen, die europäisch-jüdische Bevölkerung auf rezessive, krankheitsverursachende Mutationen zu untersuchen. Ein Großelternteil genügt, um eine genetische Untersuchung zu empfehlen (Gross et al. 2008). Israel spielt eine wichtige Rolle in der Entwicklung der genetischen Beratung: Dort lassen sich jährlich über 10.000 Menschen testen.

„Bekommen Sie keine Kinder, es sei denn, Sie sind sich sicher, dass sie geistig und körperlich gesund sein werden" (Glad 2005). Dieser Ratschlag ist nicht umsetzbar bei sexuellem Zwang, Verhütungssabotage oder dem Verschweigen einer Erbkrankheit vor dem/der Partner(in). Manche Mutationen sind fast ausschließlich jüdisch, andere werden von umliegenden Völkern gesammelt und konzentriert (Dorff und Zoloth 2015; Wolpe 2015). Interethnische Ehen können bewusst gegen die pathologischen Folgen von Inzest eingesetzt werden (Von Reibmayr 1897). Täter wenden eine Vielzahl von Taktiken an: Verführung und Überredung, Alkohol und Drogen, Einschüchterung und Gewalt, Erpressung und finanzieller Druck sowie Täuschung, einschließlich des Verschweigens von sexuell übertragbaren Infektionen oder genetischen Erkrankungen. Frauen sollen sich dieser Taktiken bewusst sein.

Ein weiterer Fall, den der Autor beobachtet hat: Ein junger Mann (Aleksandr Kantsedikas, litauische Schreibweise des Namens Kanzedik), der in Moskau leben wollte, verschwieg seiner 13 Jahre älteren russischen Braut eine Erbkrankheit. Drei seiner nahen Verwandten waren Ärzte; seine angeborenen Fehlbildungen waren bekannt und besprochen. Er hatte das männliche Äquivalent vom polyzystischen Ovarialsyndrom (PCOS), möglicherweise in Kombination mit anderen Störungen. Unter anderem war folgendes nachweisbar: Gynäkomastie, Polythelie, Hypertrichose und Neigung zu Übergewicht. PCOS beim Mann ist ein Syndrom mit Anzeichen von Hyperandrogenismus, einem PCOS-ähnlichen Stoffwechselmuster und einer familiären Belastung mit PCOS (Starka und Duskova 2021; Di Guardo et al. 2020). Seine Tochter erbte PCOS und starb im Alter von ungefähr fünfzig Jahren. Kanzedik war in die Kindesmisshandlung und sexuelle Nötigung verwickelt (Jargin 2022). Mit seinem Vater Solomon, einem Veteranen des Zweiten Weltkriegs und Oberst im Ruhestand (Blavatnik Archive 2026; Kantsedikas 1962), diskutierte er billigend die

Folter von Kriegsgefangenen und verwendete dabei unter anderem Redewendungen wie „einige Juden konnten sich nicht beherrschen".

Söhne hochrangiger Offiziere stellen in der sowjetischen und postsowjetischen Gesellschaft ein bekanntes Problem dar, weil sie manchmal in unmoralische und illegale Aktivitäten sowie berufliches Fehlverhalten verwickelt wurden (Jargin 2020). Die hohe gesellschaftliche Stellung der Täter bzw. ihrer Verwandten verhinderte Anzeigen. Ein weiteres Beispiel wurde im Artikel von Jargin (2012) vorgeführt: Der promiskuitive Sohn eines sowjetischen Generals verbreitete wissentlich sexuell übertragbare Krankheiten. Der Fall wurde den Behörden gemeldet, und der Hinweisgeber wurde später verprügelt. Gleichzeitig entzogen sich viele Angehörige höherer Offiziere, darunter auch die hier genannten, unter verschiedenen Vorwänden dem obligatorischen Militärdienst. Ein weiterer bekannter Fall: junger Mann namens Ginsburg verschwieg seiner älteren ethnisch russischen Braut seinen Typ-1-Diabetes; die Krankheit wurde an die Nachkommen vererbt. Ähnliche Fälle der Vererbung des Marfan-Syndroms sind ebenfalls bekannt.

Bei sexueller und reproduktiver Nötigung, Verhütungssabotage und familiärer Gewalt kann es leicht sein, einen gesellschaftlich ungeschützten Täter, z.B. einen Alkoholiker, zu entlarven. Andernfalls können verschiedene Mittel eingesetzt werden, um eine Offenlegung zu verhindern: Leugnung der Tatsachen und Verleumdungsvorwürfe, Drohungen und Gewalt, Tricks und Provokationen sowie Appelle an die Wahrung der Ehre und des Ansehens einer Institution, Familie, ethnischen oder konfessionellen Gemeinschaft. Manche Angehörige hochrangiger Funktionäre setzen das Fehlverhalten fort und dienen als Vorbilder für nachfolgende Generationen. Solche Fälle können administrative Unterstützung erfordern und sollen den Behörden gemeldet werden.

Schließlich ist die Neigung zu Migration und Vagabundentum mit bestimmten genetischen bzw. ethnischen Merkmalen verbunden. Migration kann für Menschen mit Abweichungen wünschenswert sein, da Verhaltensauffälligkeiten und andere Besonderheiten im Ausland weniger auffallen, weil die Person infolge ihrer Herkunft nicht ganz typisch ist. In einem fremden Umfeld können Menschen mit Beeinträchtigungen zumindest vorübergehend frei von Stigmatisierung sein (Evans-Lacko et al. 2012; Makowski und von dem Knesebeck 2017). „Das Gras ist grüner auf der anderen Seite des Zauns" - nicht für alle, sondern für manche Individuen aus bestimmten Gründen. Zu den Ursachen können vererbte Besonderheiten und/oder die Zugehörigkeit zu ethnischen Minderheiten gehören.

Schlussfolgerung

Die genetische Beratung sollte in Risikogruppen verstärkt eingesetzt werden. Erbkrankheiten sollten bei Vorsorgeuntersuchungen und in der medizinischen Ausbildung stärker berücksichtigt werden. Das Verschweigen bekannter Erbkrankheit gegenüber dem Partner kann schwerwiegende Folgen haben und sollte als vorsätzliche Straftat gelten, wenn die Krankheit an die Nachkommen vererbt wird. Dies gibt einem Arzt das moralische Recht, die Schweigepflicht zu missachten, wenn nicht ausgeschlossen werden kann, dass der Täter bzw. seine/ihre Verwandten den abnormalen Genotyp weiterverbreiten.

Literatur

Arkkila PE (2006) Thromboangiitis obliterans (Buerger's disease). Orphanet J Rare Dis 1: 14.

Bansal V, Boehm BO, Darvasi A (2018) Identification of a missense variant in the WFS1 gene that causes a mild form of Wolfram syndrome and is associated with risk for type 2 diabetes in Ashkenazi Jewish individuals. Diabetologia 61: 2180-2188.

Barker DF, Denison JC, Atkin CL, Gregory MC (1997) Common ancestry of three Ashkenazi-American families with Alport syndrome and COL4A5 R1677Q. Hum Genet 99: 681-684.

Blachford SL (2002) The Gale encyclopedia of genetic disorders. Detroit: Gale Group.

Blavatnik Archive. Kantsedikas Family Letters, last accessed February 5, 2026.

Cox DM, Nelson KL, Clytone M, Collins DL (2018) Hereditary cancer screening: Case reports and review of literature on ten Ashkenazi Jewish founder mutations. Mol Genet Genomic Med 6: 1236-1242.

Di Guardo F, Ciotta L, Monteleone M, Palumbo M. Male Equivalent Polycystic Ovarian Syndrome: Hormonal, Metabolic, and Clinical Aspects. Int J Fertil Steril. 2020;14(2):79-83.

Dorff EN, Zoloth L (2015) Summary of the science of genetic testing. In: Dorff EN, Zoloth L, eds. Jews and genes. Lincoln: University of Nebraska Press pp: 193-200.

Evans-Lacko S, Brohan E, Mojtabai R, Thornicroft G (2012) Association between public views of mental illness and self-stigma among individuals with mental illness in 14 European countries. Psychol Med 42: 1741-1752.

Gilman SL (1985) Difference and pathology. Stereotypes of sexuality, race, and madness. London: Cornell University Press.

Glad J (2005) Future human evolution: eugenics in the twenty-first century. Schuylkill Haven PA: Hermitage Publishers.

Gross SJ, Pletcher BA, Monaghan KG, Professional Practice and Guidelines Committee (2008) Carrier screening in individuals of Ashkenazi Jewish descent. Genet Med 10: 54-56.

Jargin SV. About the treatment of gonorrhea in the former Soviet Union. Dermatol Pract Concept. 2012;2(3):12.

Jargin SV (2017) Ob ispolzovanii stimulatorov smolovydelenia na podsochke lesa (On the use of resin flow stimulants in forest tapping). Molodoi Uchenyi - Young Scientist 2: 218-221.

Jargin SV (2020) Misconduct in Medical Research and Practice. Nova Science Publishers.

Jargin SV (2022) Malingering, sexual and reproductive coercion: Military aspects. Medp Case Rep Clin Image 1: mpcrci-202207001.

Jargin SV. Consequences of lifting heavy weights in Marfan Syndrome and concealment of hereditary disorders from partners. J Syndromes. 2025;7(1): 3.

Jargin SV, Kaloshin AK (2015) Back to the mechanisms of cancer incidence increase after Chernobyl. Int J Cancer Res Mol Mech 1: 1-5.

Jargin SV. Klinischer Schaden als Politik: Eingriffe ohne Indikation in Russland. Eliva Press; 2026.

Kamm C (2006) Early onset torsion dystonia (Oppenheim's dystonia). Orphanet J Rare Dis 1: 48.

Kantsedikas S (1962) Zashchita socialisticheskogo otechestva, sluzhba v Sovetskih Vooruzhennyh Silah - vysokaia i pochetnaia objazannost' kazhdogo sovetskogo grazhdanina (The defense of the socialist fatherland, service in the Soviet Armed Forces is a high and honorable duty of every Soviet citizen). Vilnius.

Li X, Chen S, Kantorovich V, Cheng LS, Cohn DH, Rotter JI, et al (2004) Genetic determinants of osteoporosis susceptibility in a female Ashkenazi Jewish population. Genet Med 6: 33-37.

Lynch HT, Rubinstein WS, Locker GY (2004) Cancer in Jews: introduction and overview. Fam Cancer 3: 177-192.

Makowski AC, von dem Knesebeck O (2017) Depression stigma and migration - results of a survey from Germany. BMC Psychiatry 17: 381.

Neuman RJ, Wasson J, Atzmon G, Wainstein J, Yerushalmi Y, et al (2010) Gene-gene interactions lead to higher risk for development of type 2 diabetes in an Ashkenazi Jewish population. PLoS One 5: e9903.

Robles-Díaz L, Goldfrank DJ, Kauff ND, Robson M, Offit K (2004) Hereditary ovarian cancer in Ashkenazi Jews. Fam Cancer 3: 259-264.

Shaughnessy MJ (2018) Integrative literature review on shame. Nursing Science Quarterly 31: 86-94.

Starka L, Duskova M (2021) Remarks on the hormonal background of the male equivalent of polycystic ovary syndrome. Prague Med Rep 122: 73-79.

Thijs RD, Surges R, O'Brien TJ, Sander JW (2019) Epilepsy in adults. Lancet 393: 689-701.

Von Reibmayr A (1897) Inzucht und Vermischung beim Menschen. Leipzig: Deuticke.

Wolpe PR (2015) Genetic testing in the Jewish community. In: Dorff EN, Zoloth L, eds. Jews and genes. Lincoln: University of Nebraska Press pp: 201-214.

Zeigler SM, Sloan B, Jones JA (2021) Pathophysiology and Pathogenesis of Marfan Syndrome. Adv Exp Med Biol 1348: 185-206.

Kapitel 8. Dauerhafte Empfängnisverhütung und Sterilisation

Jargin S, Machado LC Jr.

In einigen Ländern wird die Geburtenkontrolle aus vermeintlichen nationalen Interessen unterdrückt. Das Bevölkerungswachstum wird genutzt, um Verteidigung und Wirtschaft zu stärken (Russell und Russell 2000). In der Russischen Föderation (RF) werden ungewollte Schwangerschaften - sowohl innerhalb als auch außerhalb der Ehe - in populären Fernsehserien als natürlich und unvermeidbar dargestellt. Die Risiken und Nebenwirkungen von Verhütungsmitteln und Abtreibungen werden von einigen Autoren, darunter auch Medizinern (Mozgunova 2017), übertrieben oder erfunden. Diese Massendesinformation kann als staatlich sanktionierte reproduktive Nötigung interpretiert werden. Sexueller und reproduktiver Zwang kann nicht nur zu Abtreibungen und ungewollten Schwangerschaften, sondern auch zu sexuell übertragbaren und erblichen Krankheiten sowie psychischen und anderen Störungen führen (Sheeran et al. 2025; Grace et al. 2022; McGirr et al. 2020; Park et al. 2016). Die reproduktive Nötigung kann Folgen für die Bemutterung bzw. Beziehung zu Kindern haben (McKenzie et al. 2024; Hartley et al. 2024; Janssen et al. 2004). Das Thema ist von Traditionen und Moralvorstellungen geprägt. Religiöse Einwände gegen die Empfängnisverhütung, Abtreibung und Sterilisation sind unbegründet, weil diese Methoden in den kanonischen Quellen nicht erwähnt werden. Es scheint unausweichlich, dass die Weltbevölkerung im Laufe dieses Jahrhunderts zurückgehen wird. Wie dies geschieht, liegt zum Teil noch in unserer Hand. Dieser Zustand wird nicht ewig anhalten (Jargin und Robertson 2025).

Ethnische Unterschiede in der Geburtenrate werden in der RF heutzutage selten thematisiert. Schwelende internationale Konflikte tragen zu einem Anstieg der Geburtenrate bei. Das Militär benötigt junge Menschen. In der Vergangenheit wurde Überbevölkerung mit Kriegen, Seuchen und Hungersnöten bekämpft. Heute können wissenschaftlich fundierte und humane Methoden zur Bevölkerungsregulierung eingesetzt werden, die ökologische und ökonomische Gegebenheiten berücksichtigen. Tubensterilisation und Vasektomie sind zuverlässige Methoden der dauerhaften Empfängnisverhütung. Die Sterilisation des Mannes (Vasektomie) ist ein ambulanter Eingriff, der unter örtlicher Betäubung 5-20 Minuten dauert (Antell et al. 2017). Traditionen männlicher Dominanz wirken sich mitunter negativ auf die Entscheidung von Männern für eine Vasektomie aus. Das ist Sexismus und muss als solcher bekämpft werden.

Sterilisationsmethoden bei Frauen, die postpartal bzw. laparoskopisch vorgenommene Unterbindung beider Eileiter, gelten allgemein als sicher (WHO 1988; Liu et al. 2025). Hinsichtlich des Zeitpunktes kommt der Eingriff im Zusammenhang mit einer abdominalen Schnittentbindung (Sectio caesarea), einem Abort, einer Kürettage, oder im Wochenbett in Frage (Lellé et al. 1992). Die Sectio bietet eine Möglichkeit der Tubensterilisation ohne zusätzliche Traumatisierung (Stuart und Ramesh 2018; Verkuyl 2016; Luke et al. 2022; Levy et al. 2021; Roeckner et al. 2020). Darüber hinaus kann die beidseitige Salpingektomie das Risiko für Eierstockkrebs verringern (Yang et al. 2021; Walker et al. 2015).

Zwar ist es möglich, die Sterilisation unmittelbar nach einer vaginalen Geburt durch eine Mini-Laparotomie durchzuführen und so die Risiken eines invasiveren Eingriffs zu verringern, ist diese Methode in vielen Einrichtungen weltweit nicht verfügbar. Die Mehrheit der Frauen ist mit ihrer Entscheidung für eine Sterilisation zufrieden. Patientinnen bedauern es eher, die Möglichkeit der Tubenligatur während einer Schnittentbindung nicht genutzt zu haben (Editorial 1980; Verkuyl 2002). Wie bereits erwähnt, wird die Salpingektomie mit einem geringeren Risiko für Eierstockkrebs in Verbindung gebracht und hat möglicherweise einen positiven Einfluss auf die Sexualität (Shah und Hoffstetter 2010). Neben der Empfängnisverhütung könnte die systematische Durchführung der Tubensterilisation in bestimmten Regionen dem Geschlechterungleichgewicht entgegenwirken. In China beispielsweise ist das männlich/weiblich Verhältnis bei der Geburt erhöht. Die Differenz vergrößert sich mit dem Alter und der Anzahl der Geburten (Huang et al. 2016). Das

Geschlechterungleichgewicht wurde auch aus Indien und anderen Ländern berichtet (Kapitel 1).

Die weltweit steigenden Kaiserschnittraten haben zu einer Senkung der neonatalen Morbidität und Mortalität geführt (Ganeriwal et al. 2021). Es wurde ein signifikanter negativer Zusammenhang zwischen der elektiven Schnittentbindung und neonataler Mortalität/Morbidität berichtet (Machado et al. 2014). Laut denselben Forschern wirkt ein Kaiserschnitt vor Wehenbeginn protektiv gegen einen niedrigen Apgar-Score bei ausgetragenen Geburten (Machado et al. 2023). Eine Metaanalyse zeigte, dass geplante Kaiserschnitte im Vergleich zu geplanten vaginalen Geburten mit signifikant niedrigeren Raten neonataler Komplikationen wie Geburtstrauma, Sondenernährung und Muskelhypotonie verbunden sind. Allerdings ist die Evidenzlage uneinheitlich (Masciullo et al. 2020). Die Geburt ist mit Stress verbunden, der unter anderem im Zahnschmelz in der sogenannten Neugeborenenlinie (neonatal line) Ausdruck findet. Diese Linie ist nach einer vaginalen Geburt im Durchschnitt breiter als nach dem Kaiserschnitt (Canturk et al. 2014; Ramirez Rozzi et al. 2025). Dies ist ein weiteres Argument für den Kaiserschnitt, weil er für das Neugeborene mit weniger Stress verbunden ist.

Zugegebenermaßen wurde eine Korrelation zwischen der Zunahme mütterlicher Morbidität/Mortalität und dem Anstieg der Sectio caesarea festgestellt (Machado et al. 2023; Burke et al. 2020; Esteves-Pereira et al. 2016; Yang et al. 2022; Ganeriwal et al. 2021; Moodley et al. 2018). Die geburtshilfliche Chirurgie hat jedoch Fortschritte bei der Verbesserung der postoperativen Ergebnisse erzielt (Murrin et al. 2025). Insbesondere tragen postoperative Maßnahmen gemäß dem Konzept der beschleunigten Genesung nach Operationen (enhanced recovery after surgery), einschließlich der prophylaktischen Antibiotikagabe, Thromboseprophylaxe, Aufrechterhaltung des Flüssigkeitshaushalts, zur Verbesserung der Behandlungsergebnisse bei (Sultan et al. 2025). So konnte beispielsweise die präoperative Gabe von Cefazolin das Risiko postoperativer Infektionen um bis zu 60 % senken. Darüber hinaus konnte durch die Einführung von Tranexamsäure die mütterliche Mortalität von Blutungen reduziert werden (Murrin et al. 2025). Die Anwendung beschleunigter Genesungspfade für die Schnittentbindung nimmt zu; es gibt jedoch weiterhin wenige veröffentlichte Belege für die Verbesserung von Gesundheitsindikatoren. Weitere Forschung ist erforderlich, um die potenziellen Vorteile der erhöhten Kaiserschnittfrequenz (Sectiorate) und ihrer technischen Verbesserungen zu bewerten (Ilyas et al. 2019). In Industrieländern gilt die Sectio dank ausgereiften Operationstechniken und verbesserter Anästhesieverfahren als sicherer Eingriff (Stordeur et al. 2016). Ein Teil der erhöhten Sterblichkeit im Zusammenhang mit der Sectio kann auf Störfaktoren wie das Alter und mütterliche Erkrankungen zurückgeführt werden (Kilsztajn et al. 2007).

Die Sectio ist bekannterweise mit Begleiterkrankungen und höherem Alter assoziiert (Lydon-Rochelle et al. 2001). In einer großen Studie (264,755 Geburten) war die Schnittentbindung mit mütterlicher Morbidität und Mortalität verbunden; zu den Determinanten zählten dabei das Alter, ein vorangegangener Kaiserschnitt, Bluthochdruck, Diabetes, Harnwegsinfektionen, Blutungen, Geburtseinleitung, Frühgeburt, niedriges Geburtsgewicht und Lageanomalien (Yang et al. 2022).

Im Gegensatz dazu zeigten einige Studien eine Korrelation zwischen der Sectiorate und einer verringerten mütterlichen und neonatalen Mortalität (Ganeriwal et al. 2021; McClure et al. 2007; Molina et al. 2015). In Brasilien ging der Anstieg der Kaiserschnittrate in den letzten drei Jahrzehnten mit einem signifikanten Rückgang der mütterlichen Sterblichkeit einher. Obwohl der Kausalzusammenhang nicht vollständig geklärt ist (Camara et al. 2016), kam eine groß angelegte ökologische Studie zu dem Schluss, dass nationale Kaiserschnittraten von bis zu 19 pro 100 Lebendgeburten mit einer geringeren mütterlichen und neonatalen Mortalität einhergingen. Die zuvor empfohlenen Zielraten für Kaiserschnitte können daher zu niedrig sein (Camara et al. 2016; Molina et al. 2015). Hinsichtlich bestimmter mütterlicher Komplikationen wie Beckenbodenverletzungen und Harninkontinenz wirkt sich ein geplanter Kaiserschnitt im Vergleich zur vaginalen Geburt protektiv aus (Salim et al. 2010; Di Stefano et al. 2000; Azam et al. 2014). Geplante

Kaiserschnitte führten zu einer signifikanten Reduktion von Chorioamnionitis und Harninkontinenz (Berghella et al. 2024). Ein Vorteil der Sectio ist die Schmerzfreiheit (Camara et al. 2016). Schließlich ging die Genehmigung einer Schnittentbindung auf Wunsch der Frau mit einem niedrigeren Risiko der Wochenbettdepressionen einher (Olieman et al. 2017).

In der Fachliteratur, geschweige denn in populären Publikationen, gibt es eine Bevorzugung der vaginalen Geburt. So wurde beispielsweise in der Diskussion um die angeblichen Gefahren der „Kaiserschnitt-Epidemie“ ohne Quellenangaben behauptet, dass per Schnittentbindung geborene Personen anfälliger für Übergewicht seien und Mädchen ein doppelt so hohes Risiko für erfolglose Spontangeburten im späteren Leben hätten (Zharkin 2024). Weiterhin wurde behauptet, dass ein „übermäßiger Einsatz von Schnittentbindungen die Gesundheit von Frauen und Kindern beeinträchtigt“, wobei die folgenden Quellenangaben angeführt wurden (Liang et al. 2018; Blustein und Liu 2015; Belizan et al. 2007). In den zitierten Artikeln finden sich jedoch keine ähnlichen Aussagen. Analog dazu wurde behauptet, dass „Morbidität und Mortalität [im Zusammenhang mit Kaiserschnitten] häufiger auftreten als [im Zusammenhang mit] vaginalen Geburten“ mit den Literaturverweisen (Dhai et al. 2011; Hibbard et al. 2001; Rageth et al. 1999). Die zitierten Artikel befassen sich jedoch mit vaginalen Geburten nach vorangegangem Kaiserschnitt, was ein anderes Thema ist. Ein indirekter Hinweis auf die voreingenommene Haltung gegenüber Sectio ist der wiederholt erwähnte Zusammenhang zwischen Kaiserschnitten und Langzeitfolgen wie z.B. Asthma, Diabetes mellitus und Magen-Darm-Erkrankungen, obwohl die Beweislage schwach ist. Die vorgeschlagenen Mechanismen sind unklar und hypothetisch, z.B. eine unzureichende bakterielle Besiedlung des Darms (Stordeur et al. 2016). Wenn dies tatsächlich der Fall ist, könnte der fehlende Kontakt mit bestimmten Mikroorganismen bei Sectio durch Probiotika kompensiert werden (Hashemi et al. 2016).

Ein Kaiserschnitt kann generell für Frauen in Betracht kommen, die keine weiteren Schwangerschaften planen, insbesondere in Regionen, in denen einige Verhütungsmethoden, einschließlich Sterilisation, nicht ohne Weiteres verfügbar sind. Das Alter, die Einstellung des Partners und andere Faktoren können bei der Empfehlung von Verhütungs- bzw. Entbindungsmethoden berücksichtigt werden. Wladimir Putin bezeichnete die Entscheidung für ein Kind als Familienangelegenheit (TASS 2025), was als Billigung reproduktiven Zwangs durch Familienmitglieder im Einklang mit seiner Politik der Geburtensteigerung interpretiert werden kann. Es sei betont, dass die Zustimmung des männlichen Partners weder für eine Sterilisation noch für einen Kaiserschnitt erforderlich ist (WHO 1994).

Die Autonomie der Patientin ist ein Grundpfeiler moderner Gesundheitsversorgung. Die Autoren stimmen der Ansicht zu, dass die Frau immer das Recht hat, zwischen vaginaler Geburt und Kaiserschnitt zu wählen (Camara et al. 2016; Guinan und Aisling 2025; Wolf 2020). Dieses Kapitel liefert ein weiteres Argument: Die Anerkennung einer Sectio auf Wunsch der Mutter als Menschenrecht würde die Kaiserschnittrate erheben, was angesichts der globalen Überbevölkerung wünschenswert ist. Die Beratung durch medizinisches Fachpersonal und eine gemeinsame Entscheidungsfindung können die Bereitschaft zu Kaiserschnitten und Sterilisationen in einkommensschwachen Ländern erhöhen (Coates et al. 2020). Bei der Beratung von Patientinnen ist es wichtig, Objektivität zu wahren, sodass alle Risiken einer vaginalen Geburt sowie die eines geplanten Kaiserschnitts erläutert werden (Loke et al. 2019; Machado et al. 2014; Morrison und MacKenzie 2003).

Sectio caesarea und die Tubensterilisation auf Wunsch der Frau sollen auch dann möglich sein, wenn keine Kontraindikationen für eine vaginale Entbindung vorliegen. Dies betrifft insbesondere Russland, wo Kaiserschnitte in der Regel auf Wunsch der Mutter nicht vorgenommen werden (Likhachev 2014). Früher berichteten einige Experten, Kaiserschnitte auf Wunsch der Mutter durchgeführt zu haben, wobei die Schnittentbindungen landesweit häufiger angewendet werden, wenn die Patientinnen die Kosten selbst tragen (Chernukha 2002). Andere Fachleute bestehen darauf, dass eine Sektio nur bei einer klinischen Indikation durchgeführt werden soll. Die letztere Meinung ist heutzutage vorherrschend, weil die Regierung die Natalität fördert, was angesichts der globalen Überbevölkerung kontraproduktiv ist.

Die Kaiserschnittraten variieren zwischen ca. 44,3 % in Lateinamerika und 4,1 % in Zentral- und Westafrika (Ganeriwal et al. 2021). In privaten Einrichtungen Brasiliens sind die Kaiserschnittraten hoch und erreichen in der südöstlichen Region 80 % (Machado et al. 2023). Dabei werden etwa 84 % der Schnittentbindungen vor dem Einsetzen der Wehen durchgeführt, zumeist aus nicht-medizinischen Gründen (Esteves-Pereira et al. 2016). Dieses Niveau sollte auch in überbevölkerten Regionen Afrikas und Asiens angestrebt werden. In Subsahara-Afrika hat die niedrige Kaiserschnittrate zu der relativ hohen Mütter- und Kindersterblichkeit beigetragen (Minani und Ross 2024). Zugegebenermaßen ist eine Schnittentbindung kostspieliger als eine vaginale Geburt und birgt in Gebieten mit begrenzter medizinischer Versorgung höhere Risiken (Boatin et al. 2021). Aus diesem und anderen Gründen ist mehr internationale Zusammenarbeit und Unterstützung durch die Industrienationen nötig, anstatt Rivalitäten und Kriegstreiberei.

Der Zugang zu Sterilisation ist besonders wichtig in den Ländern, in denen Frauen nicht ausreichend vor Vergewaltigung und Verhütungssabotage geschützt sind. Reproduktiver Zwang wird von den Opfern nicht immer als solcher erkannt; insbesondere häusliche Gewalt kann Frauen daran hindern, bestimmte Verhaltensweisen als Zwang zu benennen (Grace 2016). In Russland sind Frauen nicht ausreichend vor häuslicher Gewalt geschützt (Buss 2022). Schätzungen zufolge war die Prävalenz von Gewalt in russischen Familien in den letzten Jahrzehnten 45- bis 70-mal höher als in England und Frankreich (Besschetnova 2015). Im Kontext von häuslicher Gewalt, sexuellem und reproduktivem Zwang ist die folgende Aussage bedeutsam: „It is not these men who are monstrous; rather, it is the society that has defined them and taught them to define themselves as a consequence of their gender“ (Butler 1979). Anders ausgedrückt: Eine falsch verstandene Männlichkeit kann häusliche Gewalt und sexuelle Übergriffe direkt oder indirekt rechtfertigen. Das

Ziel eines Vergewaltigers ist es, Dominanz zu demonstrieren und Erniedrigung zuzufügen. Viele von ihnen wiederholen die Tat, sammeln Erfahrung und werden dadurch geschickter und gewalttätiger (Wynn 1992).

Die Tatsache, dass einige Opfer ihre Vergewaltiger heirateten, wurde als Indiz dafür gewertet, dass Frauen das genießen. Tatsächlich belegen vorliegende Berichte unterschiedliche Grade von Traumatisierung (Rosenbaum et al. 2016). In diesem Zusammenhang müssen das Syndrom der misshandelten Frau (Battered-Woman-Syndrom) und die erlernte Hilflosigkeit rechtzeitig erkannt werden. Die Behörden sollten sowohl fahrlässige als auch vorsätzliche Sabotage von Verhütungsmitteln als Straftaten mit Körperverletzung ahnden, wenn eine Abtreibung, eine ungewollte Schwangerschaft oder eine sexuell übertragbare bzw. genetische Erkrankung die Folge war. Es sind Fälle bekannt, in denen eine Erbkrankheit des Täters vor der Partnerin verheimlicht und dann an die Nachkommen vererbt wurde (Kapitel 7).

Söhne von militärischen und anderen Funktionären genossen in der sowjetischen und postsowjetischen Gesellschaft weitgehende Straffreiheit und verwickelten sich in unmoralische und illegale Aktivitäten, sexuelle Nötigung usw. Hohe soziale Positionen der Täter oder ihrer Angehörigen verhinderten Denunziation und Anzeigeerstattung. Verhütungsmittelsabotage, oft fahrlässig unter Alkoholeinfluss, war keine Seltenheit; weitere Informationen und Beispiele finden sich im Artikel (Jargin 2022). Die Abtreibungsrate in der ehemaligen Sowjetunion war die höchste weltweit bis ungefähr 2010 gewesen (Popov et al. 1993; United Nations 2013). Zugegebenermaßen wird dieser Aspekt heute von migrationsbedingten Problemen überschattet.

Die sexuelle und reproduktive Nötigung wird eingesetzt, um Migration zu ermöglichen, Beziehungen oder Ehen zu festigen, Aufenthaltsgenehmigungen und Unterkünfte zu erhalten oder einen bestimmten Genotyp zu verbreiten, manchmal aus geopolitischen Motiven. In einigen Teilen Russlands und anderer Länder neigen ethnische Minderheiten dazu, Mehrheiten zu bilden (Kapitel 1). Laut einem 2012 veröffentlichten Bericht wurden in Moskau etwa 50 % der Vergewaltigungen von

Ausländern begangen; ethnisch nicht-russische Staatsbürger der RF werden dabei nicht als Ausländer gezählt. Hinzu kommt, dass viele Verbrechen ungemeldet oder unaufgeklärt bleiben (Kuryakov et al. 2012). Entsprechende Daten sind in der aktuellen Literatur schwer zu finden; das Thema scheint heutzutage gemieden zu werden.

Eine häufigere Anwendung der chirurgischen Sterilisation wäre insbesondere in überbevölkerten Regionen mit Geschlechterungleichgewicht wünschenswert. Die Verfügbarkeit qualitativ hochwertiger Dienstleistungen ist von Bedeutung, einschließlich mobiler Teams, die Sterilisationen in ländlichen Gemeinden anbieten (WHO 1988). Aufnahmeländer entscheiden, wem sie eine Aufenthaltserlaubnis erteilen und wem nicht. Die Sterilisation sollte eine erwünschte oder obligatorische Bedingung sein. Eine Vasektomie ist aufgrund ihrer geringen Invasivität der chirurgischen Sterilisation der Frau vorzuziehen (mit Ausnahme der Kaiserschnitt-Tubensterilisation, die ohne zusätzliches Trauma durchgeführt wird). In mehreren Kliniken ist die Vasektomie wegen einer überwiegenden Ausrichtung auf Frauen benachteiligt. Dienstleistungen für Frauen, insbesondere Sterilisationen, sind komplexer und erfordern mehr Zeit und Personal. Eine Vasektomie kann von Allgemeinmedizinern, Gynäkologen und Chirurgen erlernt und durchgeführt werden, nicht unbedingt von Fachärzten für Urologie. In einigen Ländern mit Ärztemangel wurde paramedizinisches Personal erfolgreich für die Durchführung von Vasektomien ausgebildet. Dennoch muss ein Arzt für den Fall von Komplikationen zur Verfügung stehen (WHO 1988). In der RF ist die chirurgische Sterilisation nicht weit verbreitet (Motorina 1999). Die freiwillige Sterilisation ist nur Personen über 35 Jahren oder solchen mit mindestens zwei Kindern gestattet (Verordnung Nr. 303 des russischen Gesundheitsministeriums vom 28. Dezember 1993). Zugegebenermaßen bieten einige Privatkliniken Vasektomien für alle Erwachsenen an.

In einigen Ländern wird die Geburtenkontrolle aus vermeintlichen nationalen Interessen heraus verschleiert. Das Militär benötigt junge Menschen. In Russland sind einige Fachpublikationen zugunsten vagnialen Geburten voreingenommen, übertreiben oder erfinden negative Auswirkungen von Verhütungsmitteln und Abtreibungen. Diese massenhafte Desinformation kann als staatlich sanktionierte reproduktive Nötigung angesehen werden. Sexueller und reproduktiver Zwang kann zu unerwünschten Schwangerschaftsausgängen, sexuell übertragbaren und erblichen Krankheiten sowie psychischen und anderen Störungen führen.

Literatur

Antell K, Deshmukh P, Brown EJ (2017). Contraception update: Sterilization. FP Essentials, 462, 30-34.

Azam S, Khanam A, Tirlapur S, Khan K (2014). Planned caesarean section or trial of vaginal delivery? A meta-analysis. Current Opinion in Obstetrics Gynecology, 26: 461-468.

Belizan JM, Althabe F, Cafferata ML (2007). Health consequences of the increasing caesarean section rates. Epidemiology, 18: 485-486.

Berghella V, Adewale V, Rana T, Bonanni G, Chauhan SP, Bellussi F, et al (2024). What is the best mode of delivery in nulliparous, singleton, term, vertex pregnancies? American Journal of Obstetrics Gynecology MFM, 6: 101501.

Besschetnova OV (2015). Problemy zhestokogo obrashheniia s detmi v sovremennoi rossiiskoi semie (Problems of child abuse in a contemporary Russian family). Saratov University.

Blustein, J, Liu, J (2015). Time to consider the risks of caesarean delivery for long-term child health. BMJ, 350: h2410.

Boatin AA, Ngonzi J, Ganyaglo G, Mbaye M, Wylie BJ, Diouf K. Cesarean delivery in low- and middle-income countries: A review of quality of care metrics and targets for improvement. Semin Fetal Neonatal Med. 2021; 26(1): 101199.

Burke C, Allen R. Complications of Cesarean Birth: Clinical Recommendations for Prevention and Management. MCN Am J Matern Child Nurs. 2020; 45(2): 92-99.

Buss DM. When men behave badly. The hidden roots of sexual deception, harassment and assault. New York: Little, Brown and Company. Russian edition Moscow: Alpina Non-Fiction; 2022.

Butler S (1979) Conspiracy of silence: The trauma of incest. Bantam, Toronto, Canada pp. 215.

Camara R, Burlá M, Ferrari J, Lima L, Amim J Junior, Braga A, Rezende J Filho. Cesarean section by maternal request. Rev Col Bras Cir. 2016; 43(4): 301-10.

Canturk N, Atsu SS, Aka PS, Dagalp R (2014). Neonatal line on fetus and infant teeth: An indicator of live birth and mode of delivery. Early Human Development, 90: 393-397.

Cherhukha EA (2002). Is cesarean section at a pregnant woman's will justified? Akusherstvo i Ginekologiya (Moskva), (3): 3-7.

Coates D, Thirukumar P, Spear V, Brown G, Henry A. What are women's mode of birth preferences and why? A systematic scoping review. Women Birth. 2020; 33(4): 323-333.

Di Stefano M, Caserta D, Marci R, Moscarini M (2000). Urinary incontinence in pregnancy and prevention of perineal complications of labour. Minerva Ginecologica, 52: 307-312.

Dhai A, Gardner J, Guidozzi Y, Howarth G, Vorster M (2011). Vaginal deliveries - Is there a need for documented consent? South African Medical Journal, 101: 20-22.

Editorial (1980). Contraception by female sterilisation. British Medical Journal, 280: 1154-1155.

Esteves-Pereira A. P, Deneux-Tharaux C, Nakamura-Pereira M, Saucedo M, Bouvier-Colle M.-H, do Carmo Leal M (2016). Caesarean delivery and postpartum maternal mortality: A population-based case-control study in Brazil. PLoS ONE, 11: e0153396.

Ganeriwal SA, Ryan GA, Purandare NC, Purandare CN. Examining the role and relevance of the critical analysis and comparison of cesarean section rates in a changing world. Taiwan J Obstet Gynecol. 2021;60(1):20-23.

Grace KT (2016) Caring for women experiencing reproductive coercion. J Midwifery Womens Health 61(1): 112-115.

Grace KT, Perrin NA, Clough A, Miller E, Glass NE (2022). Correlates of reproductive coercion among college women in abusive relationships: Baseline data from the college safety study. Journal of American College Health, 70: 1204-1211.

Guinan C, Aisling W. Health Professionals' Attitudes to Maternal Request for Caesarean Birth: A Scoping Review. Birth. 2026; 53(1): 29-38.

Hartley G, Sirois F, Purrington J, Rabey Y (2024). Adverse childhood experiences and autism: A meta-analysis. Trauma, Violence, Abuse, 25: 2297-2315.

Hashemi A, Villa CR, Comelli EM (2016). Probiotics in early life: A preventative and treatment approach. Food Function, 7: 1752-1768.

Hibbard JC, Ismail MA, Wang Y, Te C, Karrison T, Ismail MA (2001). Failed vaginal birth after a cesarean section: How risky is it? Maternal morbidity. American Journal of Obstetrics Gynecology, 184: 1365-1371.

Huang Y, Tang W, Mu Y, Li X, Liu Z, Wang Y, et al (2016). The sex ratio at birth for 5,338,853 deliveries in China from 2012 to 2015: A facility-based study. PLoS ONE, 11: e0167575.

Ilyas S, Simmons S, Bampoe S. Systematic review of enhanced recovery protocols for elective caesarean section versus conventional care. Aust N Z J Obstet Gynaecol. 2019; 59(6): 767-776.

Janssen I, Krabbendam L, Bak M, Hanssen M, Vollebergh W, de Graaf R, van Os J (2004). Childhood abuse as a risk factor for psychotic experiences. Acta Psychiatrica Scandinavica, 109: 38-45.

Jargin SV. Military Aspects of Malingering, Sexual and Reproductive Coercion: Report from Russia. J Forensic Investigation. 2022; 10(1): 5.

Jargin, S, Robertson, S (2025). Medical, social, and environmental aspects of overpopulation. Journal of Environmental Studies, 11, 7.

Kilsztajn S, Carmo MS, Machado LC Jr, et al (2007) Caesarean sections and maternal mortality in Sao Paulo. Eur J Obstet Gynecol Reprod Biol 132(1): 64-69.

Kuryakov IA, Metelev IS, Gaiduchenko YuS. Demograficheskaia bezopasnost Zapadno-Sibirskogo regiona: sostoianie, problemy i perspektivy razvitia (Demographic security of the West Siberian region: state, problems and development prospects). Omsk: Skornyakova E.V.; 2012.

Lellé RJ, Dohnke H, Hoffmeister U, et al. Ambulante Operationen in der Gynäkologie. Stuttgart: Hippokrates; 1992.

Levy, D, Casey, S, Zemtsov, G, Whiteside, J. L (2021). Salpingectomy versus tubal occlusion for permanent contraception during cesarean delivery: Outcomes and physician attitudes. Journal of Minimally Invasive Gynecology, 28: 860-864.

Liang J, Mu Y, Li X, Tang W, Wang Y, Liu Z, et al (2018). Relaxation of the one-child policy and trends in caesarean section rates and birth outcomes in China between 2012 and 2016: Observational study of nearly seven million health facility births. BMJ, 360: k817.

Likhachev VK (2014). Operative obstetrics with a phantom course. Moscow: MIA (in Russian).

Liu JH, Blumenthal PD, Castano PM, Chudnoff SC, Gawron LM, et al (2025). FemBloc non-surgical permanent contraception for occlusion of the fallopian tubes. Journal of Gynecology and Reproductive Medicine, 9: 1-12.

Loke AY, Davies L, Mak YW. Is it the decision of women to choose a cesarean section as the mode of birth? A review of literature on the views of stakeholders. BMC Pregnancy Childbirth. 2019; 19(1): 286.

Luke S, Addae-Konadu K, Davidson B, Kuller J, Dotters-Katz S (2022). Benefits and risks of bilateral salpingectomy compared with standard tubal ligation during cesarean delivery for permanent postpartum contraception. Obstetrical Gynecological Survey, 77: 167-173.

Lydon-Rochelle M, Holt VL, Easterling TR, Martin DP (2001). Cesarean delivery and postpartum mortality among primiparas in Washington State, 1987-1996. Obstetrics Gynecology, 97: 169-174.

Machado LC Jr, Sevrin CE, Oliveira E, et al (2014). Association between mode of delivery and neonatal deaths and complications in term pregnancy: A cohort study in Brazil. Minerva Pediatrica, 66: 111-122.

Machado LC Jr, Pinto CN, Gerencer CS, et al (2023). Association of maternal, fetal and labor variables with a low Apgar score in the fifth minute in term pregnancy: A case-control study. Archives of Gynecology and Obstetrics, 308: 1473-1483.

Masciullo L, Petruzziello L, Perrone G, Pecorini F, Remiddi C, Galoppi P, Brunelli R. Caesarean section on maternal request: an Italian comparative study on patients' characteristics, pregnancy outcomes and guidelines overview. Int J Environ Res Public Health. 2020; 17(13): 4665.

McClure EM, Goldenberg RL, Bann CM (2007). Maternal mortality, stillbirth and measures of obstetric care in developing and developed countries. International Journal of Gynecology Obstetrics, 96: 139-146.

McGirr SA, Bomsta HD, Vandegrift C, Gregory K, Hamilton B. A, Sullivan C. M (2020). An examination of domestic violence advocates' responses to reproductive coercion. Journal of Interpersonal Violence, 35: 2082-2106.

McKenzie M, Humphreys C, Tarzia L. Mothering in the Aftermath of Reproductive Coercion and Abuse. Violence Against Women. 2025; 31(10): 2505-2525.

Minani P, Ross A. Strengthening caesarean birth: Sub-Saharan Africa health system evaluation: Scoping review. Afr J Prim Health Care Fam Med. 2024; 16(1): e1-e11.

Molina G, Weiser TG, Lipsitz SR, Esquivel MM, Uribe-Leitz T, Azad T, et al (2015). Relationship between cesarean delivery rate and maternal and neonatal mortality. JAMA, 314: 2263-2270.

Moodley J, Fawcus S, Pattinson R (2018). Improvements in maternal mortality in South Africa. South African Medical Journal, 108(Suppl. 1): S4-S8.

Morrison J, MacKenzie IZ (2003). Cesarean section on demand. Seminars in Perinatology, 27: 20-33.

Motorina LL (1999). Dobrovolnaya khirurgicheskaya sterilizatsiya v poslerodovom periode kak metod profilaktiki nezhelatelnoy beremennosti i sokhraneniya zdorovya zhenshchin (Voluntary surgical sterilization in the postpartum period as a prevention method of unwanted pregnancy and maintaining women's health). Doctoral dissertation. Ivanovo Institute of Motherhood and Childhood V.N. Gorodkov.

Mozgunova SF (2017). Chto neobhodimo znat o konctracepcii (What is necessary to know about contraception). In E. Fokina L. Chutkova (Eds.), Vybor roditelei: detorozhdenie ili kontracepcia? O sovremennyh reproduktivnyh tehnologiah (Parents' choice: childbearing or contraception? On modern reproductive technologies) (pp. 163-192). Sibirskaia Blagozvonnitsa.

Murrin EM, Sullivan SA, Maxwell GL, Saad AF. Transformative trials in cesarean delivery: Antibiotic prophylaxis, tranexamic acid, and uterine closure. Semin Perinatol. 2025: 152145.

Olieman RM, Siemonsma F, Bartens MA, Garthus-Niegel S, Scheele F, Honig A (2017). The effect of an elective cesarean section on maternal request on peripartum anxiety and depression in women with childbirth fear: A systematic review. BMC Pregnancy and Childbirth, 17: 195.

Park J, Nordstrom SK, Weber KM, Irwin T (2016). Reproductive coercion: Uncloaking an imbalance of social power. American Journal of Obstetrics and Gynecology, 214: 74-78.

Popov AA, Visser AP, Ketting E (1993) Contraceptive knowledge, attitudes, and practice in Russia during the 1980s. Stud Fam Plann 24: 227-235.

Rageth JC, Juzi C, Grossenbacher H (1999). Delivery after previous cesarean: A risk evaluation. Obstetrics Gynecology, 93: 332-337.

Ramirez Rozzi F, Petrone S, Plischuk M, Desántolo B, Mancuso RG (2025). Assessment of age at death in perinatal individuals from dental histology analysis: An ex-ploratory study. Journal of Oral Biology, 9: 1.

Roeckner JT, Sawangkum P, Sanchez-Ramos L, Duncan JR (2020). Salpingectomy at the time of cesarean delivery: A systematic review and meta-analysis. Obstetrics Gynecology, 135, 550-557.

Rosenbaum JE, Zenilman J, Rose E, Wingood G, DiClemente R. Predicting unprotected sex and unplanned pregnancy among urban African-American adolescent girls using the theory of gender and power. J Urban Health. 2016; 93(3): 493-510.

Russell C, Russell WM (2000). Population crises and population cycles. Medicine, Conflict and Survival, 16: 383-410.

Salim R, Shalev E (2010). Health implications re sulting from the timing of elective cesarean delivery. Reproductive Biology and Endocrinology, 8: 68.

Shah MB, Hoffstetter S (2010). Contraception and sexuality. Minerva Ginecologica, 62: 331-347.

Sheeran N, Jenkins A, Humphreys T, Ter Horst S, Higgins M (2025). Investigating the impact of reproductive coercion and intimate partner violence on psychological and sexual wellbeing. Journal of Interpersonal Violence, 40: 726-755.

Stordeur S, Jonckheer P, Fairon N, De Laet C (2016). Elective caesarean section in low-risk women at term: Consequences for mother and offspring (Health Technology Assessment, KCE Report 275).

Stuart GS, Ramesh SS (2018). Interval female sterilization. Obstetrics Gynecology, 131: 117-124.

Sultan P, Monks DT, Sharawi N, Bamber J, Panelli DM, Sauro KM, et al. Guidelines for postoperative care in cesarean delivery: Enhanced Recovery After Surgery Society recommendations (part 3)-2025 update. Am J Obstet Gynecol. 2026; 233(6S): S184-S198.

TASS. Putin nazval resheniye o rozhdenii rebenka lichnym delom kazhdoy sem'i (Putin called the decision to have a child a personal matter for each family). October 23, 2025. https://tass.ru/obschestvo/25433223

United Nations, Department of Economic and Social Affairs Population Division. World Abortion Policies. New York: United Nations. 2013.

Verkuyl DAA (2002). Sterilisation during unplanned caesarean sections for women likely to have a completed family - should they be offered? Experience in a country with limited health resources. BJOG: An International Journal of Obstetrics Gynaecology, 109: 900-904.

Verkuyl DAA (2016). Recent developments have made female permanent contraception an increasingly attractive option, and pregnant women in particular ought to be counseled about it. Contraception and Reproductive Medicine, 1: 23.

Walker JL, Powell CB, Chen LM, Carter J, Bae Jump VL, Parker LP, et al (2015). Society of Gynecologic Oncology recommendations for the prevention of ovarian cancer. Cancer, 121: 2108-2120.

WHO (1988). Technical and manage rial guidelines for vasectomy services. World Health Organization.

WHO (1994). Female sterilization: A guide to provision of services. Geneva: World Health Organization (Russian edition: Moscow: Meditsina).

Wolf JH. Cesarean section: an American history of risk, technology, and consequence. Baltimore: Johns Hopkins University Press; 2020.

Wynn RM. Obstetrics and gynecology: the clinical core. Philadelphia: Lea Febiger; 1992.

Yang M, Du Y, Hu Y (2021). Complete salpingectomy versus tubal ligation during cesarean section: A systematic review and meta-analysis. Journal of Maternal-Fetal Neonatal Medicine, 34: 3794-3802.

Yang J, Armson BA, Attenborough R, Carson GD, da Silva O, Heaman M, et al (2022). Survey of mode of delivery and maternal and perinatal outcomes in Canada. Journal of Obstetrics and Gynaecology Canada, 44: 960-971.

Zharkin NA (2024). Kesarevo secheniye v sovremennom akusherstve (Cesarean section in modern obstetrics). Volgograd Medical University.

Schlussfolgerung

Jargin S.

Die Umweltzerstörung ist proportional zur Bevölkerungszahl. Mit Anzahl der Menschen wächst der Bedarf an Ressourcen (Kernig 2006). Trotz sinkender Geburtenraten wächst die Weltbevölkerung weiter. Wirksame Lösungen erfordern ein Überdenken bestimmter moralischer Stereotype und die Einführung eines neuen Grundsatzes: Keine Bevölkerungsgruppe, weder lokal noch global, darf von einem schnelleren Wachstum profitieren. Die Geburtenkontrolle wird in einigen Ländern im Hinblick auf vermeintliche nationale Interessen abgelehnt. Spannungen und Konflikte liefern Motive für hohe Geburtenraten, da das Militär junge Menschen braucht. Vermeidbare Lebensverkürzung kann als Homizid interpretiert werden. Geburtenkontrolle hingegen ist moralisch neutral. Angesichts der globalen Überbevölkerung müssen kinderreiche Familien und fruchtbare Bevölkerungsgruppen unter engeren Verhältnissen leben. Die Akzeptanz dieses Prinzips könnte die Grundlage für internationales Verständnis und Vertrauen bilden. Im letzten Jahrhundert wuchs die Bevölkerung in Entwicklungsländern schneller als in den industrialisierten Nationen. Die Industrialisierung ehemals als Entwicklungsländer geltender Regionen ist wegen ihres weniger effizienten Umweltschutzes und des enormen Ausmaßes von Bedeutung. In der Vergangenheit wurde die Überbevölkerung durch Kriege, Epidemien und Hungersnot ausgeglichen. Heute besteht offenbar die letzte Chance, humane Methoden anzuwenden und bewusst zwischen Geburtenkontrolle und steigender Sterblichkeit zu wählen. Ohne internationale Bemühungen, die Weltbevölkerung wieder auf ein nachhaltiges Niveau zu bringen, werden die Ressourcen zunehmend erschöpft sein.

Russische Machthaber werden heutzutage der Aggression beschuldigt. In der Tat könnten sie Wegbereiter einer neuen historischen Ära sein. Sollte die Welt multipolar werden, könnten bewaffnete Konflikte unterschiedlichen Ausmaßes zum Dauerzustand werden. In gewisser Weise wäre dies eine Rückkehr ins 20.

Jahrhundert oder gar in noch frühere Zeiten. Eine konstruktive Alternative wäre die globale Führung, konzentriert in den entwickelten Teilen der Welt, basierend auf Humanismus und moderner Wissenschaft. Russlands Rolle wäre die einer regionalen Supermacht. Große Projekte könnten von der vereinten Menschheit anstelle von Kriegen und Militärausgaben realisiert werden. Kriege innerhalb Europas zeugen vom Mut der Soldaten und der Verantwortungslosigkeit einiger Führungskräfte. Die Gewinner solcher Kriege sind diejenigen, die außerhalb bleiben. Offenbar agiert Wladimir Putin in der Ukraine und auf internationaler Ebene im Interesse bestimmter außereuropäischer Mächte. Die Feindseligkeit gegenüber dem Westen wird anhand der angeblichen „jahrhundertelangen westlichen Feindseligkeit gegenüber Russland" rechtfertigt (Borshchevskaya 2020). Das tatarisch-mongolische Joch (1237-1480), die wohl wirksamste Form der „Feindseligkeit gegenüber Russland", wurde dabei nicht erwähnt, obwohl es angesichts der demografischen und wirtschaftlichen Entwicklungen eine durchaus realistische Zukunftsperspektive ist. Idealerweise sollte Frieden durch Verhandlungen erreicht werden. Im Hinblick auf die aktuelle russische Führung scheint dies kaum möglich zu sein. Das kleptokratische, korrupte, bigotte und verlogene kriegstreiberische Putin-Regime hat daran Schuld. Die dafür verantwortlichen Personen verdienen die Todesstrafe, viel mehr als ihre teilweise Gesinnungsgenossen in Nürnberg, die zwar Kriege und Säuberungen vornahmen, aber kein Bruder- und Elternmord begangen haben. Es scheint unausweichlich zu sein, dass die Weltbevölkerung im Laufe dieses Jahrhunderts zurückgehen wird. Wie dies geschieht, liegt noch zum Teil in unserer Hand. Dieser Zustand wird nicht ewig anhalten.

Literatur

Kernig CD. Schriftenreihe Und mehret euch? Deutschland und die Weltbevölkerung im 21. Jahrhundert. Bundeszentrale für politische Bildung; 2006.

Borshchevskaya A. The role of the military in Russian politics and foreign policy over the past 20 years. Orbis. 2020; 64: 434-446.

Publisher: Eliva Press Global Ltd

Email: info@elivapress.com

www.ingramcontent.com/pod-product-compliance
Lightning Source LLC
LaVergne TN
LVHW022058200926
848481LV00003B/969
* 9 7 8 9 9 9 3 4 4 5 7 9 *